SMART MODU

THE MOVING HOUSE

▶ 農作業場の休憩所に！ ▶ 直売所として ▶ 事務所として
▶ 従業員寮として ▶ 外国人用 寄宿舎にも！

各タイプ2階建て仕様も可能!!

ARCHIVISION HOLDINGS
(株)アーキビジョン・ホールディングス
防災家バンク手稲展示場 営業時間 10:00-17:0
〒006-0861 札幌市手稲区明日風2丁目17番地

LO

購入方法は レンタル・リース 買取からお選び頂けます

月々43,200円～
〈6m スケルトンタイプの場合〉

※レンタルは展示品のスケルトンのみとなります。
（リースでのご購入の際は、別途リース会社による審査がございます。）

参考例 12m タイプ
（4人定員住居）

SM：3連結
：2.4×3=7.2m
さ：6×1=6.0m

スマートモデューロ導入事例

【導入事例 1. 農産物直売所】

直売所の店内の様子

【導入事例 2. 外国人研修生用寄宿舎】

【導入事例 3. 牧場内事務所】

災害復旧支援車輌においても、採用され活躍しているスマートモデューロ。

西日本の平成30年7月豪雨、平成30年北海道胆振東部地震で被災した、安平町での復興支援も行いました。高気密木造建築技術を防災、環境、暮らしを変える高品質住形態として、今後も災害復旧支援を続けていきます。

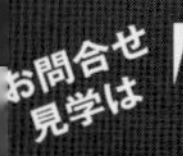

0120-116-066　WEB smartmodulo.jp
Mail teine-office@archi21.co.jp

働きやすい農場づくり

監修　NPO法人オルタナティブ・アグリサポート・プロジェクト

北海道協同組合通信社・ニューカントリー編集部

監修のことば

農業は今、変化を余儀なくされています。それは農業の成長産業化が国の重要政策に掲げられていることからも明らかです。特に、農業就業人口の減少は急激に進んでおり、2035年ごろには農業者100万人時代（日本の人口に占める農業従事者の割合が１％を下回る状況）が来るといわれています。さらに現在では、農業従事者の平均年齢も急上昇しており、60歳代後半になっています。農業における労働力の低下は、食料の安定供給の確保、農村振興、農業の持続的な発展などについて、将来的な不安要素を抱えることになり、対応が急がれています。

ただ、離農などによる農業従事者の減少や１戸当たり経営面積の拡大は、一方で既存の農業経営者や新規就農希望者、農業への参入を検討している企業にとって新たなビジネスチャンスともいえることから、現状をネガティブに捉える必要はないのかもしれません。特に若手（49歳以下）農業者の大規模経営志向は強く、経営規模の拡大は稲作をはじめ各部門で進展しています。また、それに伴って常雇いの従業員を雇い入れた若手農家の割合は、直近10年間で5.3％から12.6％へ上昇しています。こうした若手農業者は「ヒト」「モノ」「カネ」といった投資により、労働生産性と農業所得の向上を実現しているといえるでしょう。次世代を担う若手農業者や女性農業者などが、生産物の付加価値の向上、規模拡大や投資を通じた生産性の向上に挑戦し、効率的かつ安定的な農業経営を実現していくことは、農業の持続的発展を図るために重要です。特に「ヒト」の問題は、将来の担い手の育成・確保に関わることから最重要課題として位置付けられ、農業においても「働き方改革」の必要性が叫ばれているところです。

今回、私たちオルタナティブ・アグリサポート・プロジェクトが本誌の発刊に携わった理由は、まさに農業における「ヒト」の問題にスポットを当てることでした。経営規模の拡大やそれに伴う法人化の推進は、従来の家族経営からの転換を意味しており、そこには多分に「人事・労務管理」上の問題が発生しているのではないでしょうか。社会保険労務士、弁護士、税理士、経営コンサルタントという立場上、これまで農業と関わってきた中で出合った相談事例や今後生じてくるであろう「ヒト」に関する諸問題について、一冊にまとめておくことは意義のあることだと思っております。

特に、農業における担い手不足を補う「採用・育成・定着」は待ったなしの経営課題であり、「賃金・退職金」はもちろんのこと、キャリアパス制度の導入、能力開発体系の整備、法人経営などでの「労務管理・雇用トラブル」への予防的な措置、労働保険・社会保険の加入、労働安全衛生対策などは、健全な農業経営を遂行していく上で欠かすことができません。さらに農業経営者の高齢化による相続・事業承継の準備も怠ることはできませんし、何よりも少子高齢化による労働人口の減少に対応した外国人労働者の雇用など、多様な人材の活用を図っていくことは、農業経営の持続性を維持していく上で、喫緊の課題となっています。

本誌が農業に従事されている皆さまにとって、少しでもお役に立つことができれば、こんなにうれしいことはありません。

NPO法人オルタナティブ・アグリサポート・プロジェクト理事長

小笠原　俊介

おがさわら　しゅんすけ　東海大学政治経済学部卒業。1982年オフィス小笠原（社会保険労務士・行政書士、小樽市）を開業。労働省（現厚生労働省）委嘱「時短診断サービス事業」時短アドバイザー（1998年度で終了）、同じく「新規起業事業場労働条件整備サポート事業」労働条件整備コーチャー、「労働時間制度改善支援事業」診断アドバイザー、「仕事と生活の調和推進」コンサルタントに選任され、診断業務に携わってきた。近年は、㈱マイナビの依頼により、障害者雇用事業および農業における雇用支援事業などのプロジェクトに関わる。一般社団法人SRアップ21理事、中小企業家同友会しりべし・小樽支部副支部長、NPO法人小樽ソーシャルネットワーク理事長。1949年小樽市出身。

オルタナティブ・アグリサポート・プロジェクト

道内で農業分野の支援に取り組む社会保険労務士、弁護士、税理士、行政書士、コンサルタント会社、デザイン会社などで構成するNPO法人。2017年５月に立ち上がった社労士農業支援ネットワークを前身とし、活動のさらなる発展を目指して18年９月に法人化を果たした。①農業へのアクセスづくり②農業経営者の企業経営に関する学習の場の提供③魅力ある農家・農業企業づくり—を事業の柱とし、農福連携やまちづくり、海外への輸出戦略を含めた農業への多角的なサポートを展開する。

執筆者一覧（敬称略、50音順）

岩野　浩介	岩野社会保険労務士事務所（社会保険労務士）
鵜川　　敬	ACE社会保険労務士法人（社会保険労務士）
小笠原俊介	社会保険労務士法人オフィス小笠原（社会保険労務士）
木村　　光	ひかる社会保険労務士事務所（社会保険労務士）
倉茂　尚寛	ユナイテッド・コモンズ法律事務所（弁護士）
今野佑一郎	ユナイテッド・コモンズ法律事務所（弁護士）
澤田めぐみ	モモ社労士事務所（社会保険労務士）
外崎　晋也	とのさき社会保険労務士事務所（社会保険労務士）
日野　直子	はまなす社会保険労務士事務所（社会保険労務士）
宮村　昌吾	㈱オーレンス総合経営（コンサルタント）

表紙イラスト：藪田　紀祝（アイデム・ヤブタ）

目次

法人化・承継

多様な人材の活躍

Q1

募集をかけてもなかなか人が集まりません。良い方法は？

A　まずは自分の農場が働き手を募集していることを知ってもらい、興味を持ってもらう必要があります。その際、どのような求人媒体を活用するのか検討する必要があります。

解説　現在、農業に限らず他産業も同様に人手不足に陥っており、多くの企業がさまざまな求人媒体を活用して求人広告や求人票（以下、合わせて「求人票」）を出しています。

その中でも応募してもらうためには、多くの求人票の中から自分の農場の求人票を見つけてもらい、興味を持ってもらうことが最初のポイントです。そのために、どのような求人媒体を活用するのか検討する必要があります。この項目では求人媒体・求人票の基本的な事項について解説し、求人活動の取り組み方（考え方）はQ２で解説します。

募集を知ってもらうには

当然ですが、求職者が自分の農場の求人票に気付かなければ応募してくることはありません。求人票は求職者と企業を結び付ける大切なツールの一つです。

求人票を出したら、求職者の反応は３つのパターンに分かれます。

①自分の農場の求人票に興味を持ち、応募を検討する、場合によっては実際に応募する＝自分の農場にとってありがたい求職者

②自分の農場の求人票に興味を持ってくれない＝自分の農場の魅力が伝わっていない（求人票の書き方に問題がある可能性を考える必要がある）

③自分の農場が求人票を出していることを知らない＝多くの求人票に埋もれてしまい、募集していることに気付いていない可能性がある

採用活動の入り口で大切なポイントは、以上の②と③を減らし、①の求職者を増やしていくことです。

活用できる主な媒体

採用活動では、次のような求人媒体を有効に活用して自農場の魅力を伝えていくことになります。複数の媒体を活用して多くの情報を伝えることが、たくさんの人の応募につながります。

■ハローワーク

国が運営している「公共職業安定所」です。実際に求人を申し込んだ安定所だけでなく、全国にネットワークが構築されてい

るため、全国から人材を確保することができます。１日の利用者数は約17万人（2016年度）と多くの求職者に利用されています。

■縁故による採用（口づて採用）

親戚や知人などの紹介者を通して応募するため、入職の可能性が比較的高い、古くから存在する採用方式です。

■高校、専門学校、大学などの学校

農業系の学校をはじめ、一般の高校、専門学校、大学などに直接、求人票を出すことも可能です。

■農業関係団体などが開催するイベント

農業関係団体や都道府県などの自治体、民間企業が就農に関する合同企業説明会など、さまざまなイベントを開催しています。

■インターネット（就職情報サイト）

有料のものから無料のものまで、さまざまな就職情報サイトを活用できます。中には農業に特化したサイトもあります。

■自分の農場のホームページやSNS

自分の農場のホームページに採用のページを設ければ、農場の特色や労働条件などに加え、求人票では伝え切れない情報も伝えることができます。現在、SNS（ソーシャル・ネットワーキング・サービス）も含めて、こうした方法の活用が増えています。

その他、就職情報誌や新聞の求人欄などの紙媒体をはじめ、さまざまな媒体があるので、地域の特性なども考慮し、自分の農場に適した求人媒体を検討してください。

求人票に記載する際の注意点

求職者は、求人票に記載された賃金や労働時間などの待遇面だけでなく、「仕事の内容」「企業理念」「教育訓練」などを含めて総合的に判断しています。

このため求人票上で、自分の農場の魅力を十分にアピールし、採用したいと考えている人材像を明確に示すことが重要です。それによって、その求人情報は多くの求職者の目に留まり、応募者を増やすことにつながり、よりスピーディーに、より適切な人材の採用が可能になります。

求人票の作成に当たっては、**表**に記載した項目をチェックしてみてください。

（木村）

表　求人票作成のチェックポイント

○農場（事業所）の情報は十分ですか？	
・「仕事の内容」は最近の農場の状況を反映している	□
・「農場の特徴」を分かりやすくアピールする内容になっている	□
・各種保険制度や賞与などの待遇面の情報が漏れなく記載されている	□
・農場のホームページがある場合、URLが記載されている	□
・「地図」は、目印や必要な表示があって分かりやすい	□
○仕事の内容をチェックしてみましょう	
・具体的な仕事の内容がイメージできる表現になっている	□
・必要な資格、技能、経験が分かりやすく記載されている	□
・未経験者が応募可能な場合、専門用語を使用しない表現になっている	□
・試用期間がある場合、その間の労働条件が明示されている	□
・入社後の将来像がイメージできる表現になっている	□
○求人票を初めて見る人の目線でチェックしてみましょう	
・誤字、脱字がなく、文章のつながりにも違和感のない表現になっている	□
・コンパクトにまとまり、誰にでも見やすい内容になっている	□
・信頼できる農場というイメージや、親しみやすさが伝わる内容になっている	□
・既存の従業員や第三者に、求人票の印象をチェックしてもらっている	□

Q2

採用で失敗せず、人材を定着させるコツは？

A 「募集をかけても応募がない」「思っていた人物像と違った」「すぐに辞めてしまった」などの採用の失敗、人材が定着しない原因の多くは、農場と人材との間のニーズの違い（ミスマッチ）にあると考えられます。これを防ぐためには「働いてくれる人に焦点を当てて求人を組み立てる」必要があります。

解説 「働いてくれる人に焦点を当てて求人を組み立てる」とは、賃金などの待遇面を高く設定して募集することではなく、まずは農場や従業員の将来性や社会における存在意義などを考え、働きがいがあり、共に成長できる職場環境（魅力ある職場）を構築することです。それを求職者に伝えていくことで、応募者の増加、採用の失敗の防止、人材の定着につながります。

アトラクション&リテンション

少子高齢化の時代、働き手の絶対数が減少し、担い手不足が問題になっているからこそ、いかに応募者を増やすか、人材を流出させないかという考え方が必要になってきます。そこでキーワードになるのがアトラクション（人材の引き寄せ）とリテンション（人材の引き留め）です。

アトラクションは、魅力ある職場づくりをして若者や女性など新たな人材に応募してもらうこと、リテンションは、魅力ある職場づくりをして優秀な人材、資格者、技術者を辞めさせないことを指します。

一言で言うと、「求職者、従業員から選ばれる農場になる」ということです。そもそも多くの求人票の中から、どこの企業に応募するかは、求職者が決めることです。自分の農場に応募してくれて初めて、応募者を選考できます。まずは求人票で魅力ある農場であることをしっかりと伝え、応募してもらう（選ばれる）ことが必要です。

ミスマッチをなくする

採用で失敗しないために大切なのは、採用する人材とのミスマッチをなくすることです。採用後になって、農場が求めていたスキルと従業員のスキルが合わず仕事を任せられない、イメージしていた仕事内容と合わないなどのミスマッチが分かれば、従業員の早期離職にもつながります。すると採用や人材育成にかけた時間や労力、経費が無駄になるだけでなく、新たな人材を確保するまで業務に支障が出てしまいます。

ミスマッチを防ぐには、企業理念や事業計画、採用目的、求める成果などを踏まえ、農場で必要とする人物像をあらかじめ明確にしておく必要があります。また、応募者が設定した人物像に当てはまるか見極めるためにも、面接時の質問を考えておく必要もあります。求職者の仕事の能力、性格、ストレス耐性、職業観などを事前にチェックするための適性診断ツールを活用することも有効です。

ネガティブな情報も事前に伝える

良い人材を早く確保したい気持ちから、求人情報で農場の良いところだけをアピールしてしまいがちですが、期待を持って入社した従業員が求人情報と現実のギャップを目の当たりにすると、これもまた早期離職につながってしまいます。

仕事におけるマイナス要因（ネガティブな情報）も募集時から伝えておくことで、「事前に聞いていた」と本人も受け入れ、早期離職の防止につながります。またネガティブな情報を受け入れられない求職者はそもそも応募してこないので、農場側としても採用にかかる手間やコストの削減につながり、応募者一人に多くの時間をかけて選考できるというメリットもあります。

エンゲージメントの向上

人材を定着させるには、従業員の農場に対するエンゲージメント（「愛着心」や「思い入れ」）を向上させる必要があります。そのためには従業員の将来像や人生設計を構築するための指針となる「キャリアパス」（Q6、7参照）を示すことなどが重要です。例えば、数年後の役職や職務内容、取得できるスキルや資格、そこに到達するために必要な道筋を示してあげることで、次のステップに進むためにはどんなスキルや経験を積めばいいのかといった目安を理解できます。

人事評価制度の導入

従業員は、自分の仕事を適正に評価してもらいたいと考えています。適正な人事評価の結果として昇給や昇進につながり、新たな責任ある仕事を任せられれば、「農場にもっと貢献したい」と考えるようになります。人事評価制度は、農場の方向性を従業員に示すためのものでもあるので、キャリアパスと関連付けて制度を構築するとよいでしょう。

以上は「魅力ある職場づくり」のための一例にすぎません。「働いてくれる人に焦点を当てる」ことは、求人だけでなく、農場の経営そのものが良くなることにつながっていきます。自分の農場で何ができるかを考え、「魅力ある職場づくり」を目指してください。それが「選ばれる農場になる」ための第一歩です。　**（木村）**

エンゲージメントとモチベーションの違い

- **エンゲージメント**＝農場に対する「愛着心」や「思い入れ」といった、農場と従業員との関係性を表し、従業員が農場そのものや方向性に共感し、自発的に農場に貢献しようとする意欲を指します。エンゲージメントを向上させることで、働きがいがあり、共に成長可能な職場環境（魅力ある職場）を構築でき、より良い人材の確保や従業員の定着につながります。
- **モチベーション**＝従業員一人一人の中に生じる「意欲」や「動機付け」といった、心理状態を表すもので、個人の目標などに向かって行動するきっかけとなる理由や行動を決めるための直接的な原因を指します。モチベーションが高いからといって、必ずしも農場に対する「愛着心」や「思い入れ」を持っているとは限りません。ただし、従業員のモチベーションを向上させることも、経営をする上では重要な要素です。

Q3 パート社員ではなく、正社員を採用するときに注意する点は？

A しっかりとした採用基準を設ける必要があります。また遠方からの応募者に対しても向かい合って面接した方がいいでしょう。採用すべきか面接でも判断がつかない場合は、旅費・宿泊費を農場で負担してでも数日間一緒に働いてみるなど、正社員の採用は費用と時間をかけ、慎重に判断する必要があります。

解説 ここでいうパート社員とは、正社員と比べて中核業務が異なる、または中核業務が同じでも責任が明らかに低い短時間労働者であると仮定します。その場合、当初の契約形態は有期雇用契約であることがほとんどです。一方で正社員は無期雇用契約で短時間労働者ではないことが多いので、それを前提として解説します。

雇ってしまえば解雇は難しい

まず有期雇用契約であるパート社員と無期雇用契約である正社員は、雇用した後に「思ったように働いてもらえない」といった場合、経営に関わる損失のリスクが大きく異なります。パート社員には、３カ月間の雇用契約期間であれば３カ月間で「契約期間満了」を言い渡すことができます。

一方、正社員は雇用契約期間を定めていないため、雇用契約期間の途中で契約を解除するほかありません。いわゆる「解雇」を言い渡すことになります。しかし、解雇は客観的に合理的な理由を欠き、社会通念上相当であると認められない場合は、その権利を濫用（らんよう）したものとして無効となります。つまり正社員を雇用したら、「思ったように働いてもらえない」という理由で解雇するのは難しいということです。

もし、あなたの農場で雇用した正社員に「思ったように働いてもらえない」場合には、改善指導を繰り返すほかありません。しかし改善に至らない、または改善に時間を要することがリスクとなるのです。

採用基準は何を重視するか

こうしたリスクを極力少なくするためには、まずしっかりとした正社員の採用基準を設ける必要があります。正社員の採用は「新卒採用」と「中途採用」の２つに分けられます。新卒採用は、応募者が学生であり社会人としての実績がないため、実際の仕事における能力が測れません。そのため採用基準で重視すべき点には「人柄·性格」「考え方」「熱意」「可能性」などが挙げられます。性格や能力を測る各種適正検査の結果と併せて判断している農業法人もあります。

表　面接での質問例と採用基準例

■「人柄・性格」「考え方」を確かめる質問例 ・ご自身の強みは何ですか。その強みを当社の仕事のどういったところに生かせると思いますか ・これまでの業務経験の中で、失敗を成功につなげたエピソードはありますか ・あなたはどちらかというと個人プレーヤーですか、それともチームプレーヤーですか ・あなたがチームリーダーとなり業務を遂行することになったら、まず何から始めますか（チームプレーヤータイプの場合） ■「熱意」「可能性」を確かめる質問例 ・当社に入社して5年後、10年後、どのようなキャリアを歩んでいきたいですか ・業務経験でご自身が成長したと実感した瞬間はありますか。また、それはどんなときですか ・率直に伺います。いくら稼ぎたいですか ・当社は農業です。農業は将来どのように変化しますか。また当社であなたは、その変化にどのように対応していくべきでしょうか <新卒社員の採用基準例> ・**人柄・性格**＝自立していながらも協調性を大切にしている人。自身の強みを理解し、客観的に自分の能力や立場を把握できている人。失敗を成功につなげたエピソードから協調性を見いだせるとなお良い ・**考え方**＝個人プレーヤータイプは「人柄・性格」の基準をクリアしているとよい。チームプレーヤータイプは自分の要求をチームに押し付けず「全体最適」を考えることができる人	・**熱意**＝成長意欲がある人。成長した実感を持っている人 ・**可能性**＝農業に将来性を感じている人。具体的に仕事に対するビジョンを語ることができる人 ■前職の「会社への貢献度」「業務の習熟度」「上司・部下とのコミュニケーション能力」を確かめる質問例 ・これまでの就業経歴で、最も会社に貢献できたと思うことを教えてください ・そのように貢献できた理由を教えてください ・これまでの就業経歴で、業務の習熟度を上げるため、独自に取り組んだことを教えてください ・そのように取り組まれた結果は、いかがでしょうか ・これまでの就業経歴で、上司と意見や認識のズレが生じたことはありますか ・部下や同僚とはいかがでしょうか ・その時、あなたはどのように行動しましたか <中途採用社員の採用基準例> ・**会社への貢献度**＝客観的に見て、これまでの就業経歴で会社に貢献した実績がある人。かつ貢献できた理由に論理的な根拠があり、2人以上が関わっていること ・**業務の習熟度**＝目標を持って自発的に業務の習熟度を上げようと努力できる人 ・**上司・部下とのコミュニケーション能力**＝自分の意見や認識が正しいと思った場合、ただ相手に押し通そうとするのではく、相手の立場も理解し、伝え方を工夫できる人。また他の人の意見や認識も自分に取り入れる柔軟な対応ができる人

中途採用は新卒採用と違い、社会人としての実績があるため、これまでの実績・経験やスキルを重視します。農業の仕事を経験している人であれば、その判断は明確になりますが、そうでなければ前職での「会社への貢献度」「業務の習熟度」「上司・部下とのコミュニケーション能力」などを確認して評価するといいでしょう。

これら新卒採用と中途採用のそれぞれで重視すべき点について、それを確かめるための面接での質問例と採用基準例を**表**にまとめました。ぜひ参考にしてください。

（宮村）

Q4 冬のことを考えると通年雇用が難しい。何か良い方法は？

A 農産物の生産販売以外で冬季間に需要のある事業を行うといいでしょう。

解説

冬季だけの加工販売は簡単ではない

農産物の生産販売以外の事業といっても多くの選択肢があり、農産物の加工販売が真っ先に思い浮かびます。つまり６次産業化を目指すという選択肢ですが、冬季の農業閑散期のみ加工品を製造し、通年雇用を目指すのは非常に難しいと思われます。

６次産業化でヒットする農産加工品の特徴は、鮮度が良く、素材そのものが生かされている商品。大手食品製造会社にとっても、まさに手の届かないようなかゆい所といった領域です。そのため食品流通市場でも大手と６次産業農家のすみ分けがうまくできているのではないかと思われます。

しかし、そうした鮮度の良い商品は、賞味期限が短いという短所があります。そのため冬季のみ農産物の加工販売を行う場合、小売店のバイヤーは通年販売できないという理由で興味を示さない可能性があります。または物産展などのイベントで採用されても、その後は継続しない一過性の取引に陥ることが予見できます。

６次産業化以外の事業導入事例

農業と全く関連のない事業を行うという選択肢は考えにくいかもしれません。しかし次のような事業を取り入れて通年雇用を行っている農業法人もあります（図）。

■北海道の水稲農家の例

12～３月は除雪業務を会社で請け負っています。大型一種免許、大型特殊免許を取得している社員の能力を生かしています。また農業の閑散期のみ除雪業務を請け負うことができるため、既存の社員だけで対応できます。

■青森県のりんご農園の例

農業の会社とは別に運送業の会社も経営しています。昨今、運送業界は慢性的な人材不足となっており、冬季間だけでも運行台数を増やしたいニーズもありました。そのため冬季間のみ、社員に農業の会社から運送業の会社へ出向を命じています。

農業以外の事業導入時の留意点

北海道、青森県いずれの事例も冬季間の需要に合わせた事業を取り入れています。また取り入れる業務は、単一の業務としても採算が取れることも重要です。仮に採算

図　冬季間に農業以外の事業を取り入れた農業法人の事例

①北海道の水稲農家の場合

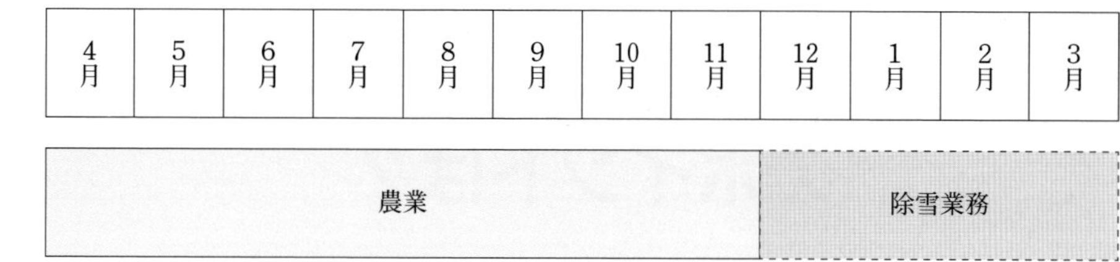

②青森県のりんご農園の場合

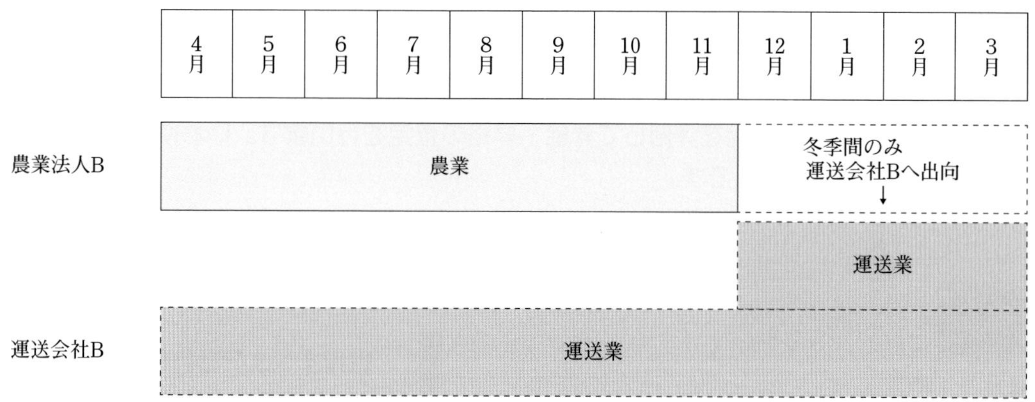

が取れない事業を取り入れてしまった場合、その事業が足を引っ張って、農業で一人前になった社員への昇給や賞与支給を実現できなくなる恐れもあります。通年雇用ができても、それによって社員の離職を招いてしまえば本末転倒です。

さらに農産物の生産販売事業においては労働時間・休憩・休日などの労働基準法の定めが適用除外になっていますが（Q11参照）、除雪業務や運送業務は適用除外にならないので、就業規則を見直す必要があります。また除雪業務や運送業務は、人手不足によって年々賃金が上昇傾向にあります。例えば日給7,000円の社員を除雪業務や運送業務に就かせた際、同じ業務の他社求人情報と比較して、自身の給与が低いのではないかと社員から不満を言われることもあるでしょう。そのため事業ごとの賃金相場を把握し、農業で支払っている賃金の方が明らかに低い場合は、他の事業に従事する冬季間のみ手当を支給するなど社員の待遇を改めることも必要です。

通年雇用を実現するポイントは次のようにまとめられます。

・農産物の生産販売ができない冬季間だけでも需要がある事業を取り入れる
・冬季間の事業単独でも採算が合うことが重要である
・農産物の生産販売以外の事業に取り組む場合は就業規則を見直す必要がある
・新たな事業に取り組む際はその事業の賃金相場を把握し、社員の処遇を改める必要がある　　**（宮村）**

Q5 人材育成に取り組むときのポイントは？

A まず社員に経営理念と中長期ビジョンを伝え、将来の体制図を明示します。体制図にある職位ごとに行動目標と給与テーブルをつくり、年に１回ないし２回、行動目標の達成状況を評価して昇給・昇格の査定を行います。いわゆる人事考課制度（図１）の導入です。

解説

経営理念と中長期ビジョンを伝える

現従業員および将来の従業員にとって、「なぜ農業をやっているのか」は非常に重要です。「都会でうまくいかなかったから」などというネガティブな従業員がいれば、その意識を変えてもらわなければなりません。そのためには、経営者がなぜ人を雇用し、農業を続けているのかを従業員と共有できるよう、基本的価値観と目的意識を持って示していく必要があります。また、従業員自身が農場の未来を切り開くイメージを持てるよう、この先10年間などの計画を示しましょう。

ある農場経営者に都会の若者を引き合わせたことがあります。幼少期から将来ビジョンを持ってきた若者で、高校野球・甲子園大会にも出場した経験を持っています。そんな若者が後日、農場経営者のビジョンに感銘を受けたと私に報告に来たことがあります。今、彼はその農場の幹部社員として働いています。

目指すべき行動目標を共有する

次に現状と将来の体制図（**図２**）を可視化し、ビジョンの達成をイメージすることが必要です。大きな目標を掲げても、「今の人数では無理がある」「今の自分では手いっぱいである」といった具合に足踏みをしがちですが、実際に従業員の人数が増え、職位が明示されれば、従業員がモチベーションを向上させ、潜在能力を発揮できる組織となります。

また、職位ごとの行動目標を設定することも大切です。体制図に示す職位の名称は「キャベツ係長」「施設園芸課長」など農業ならではのオリジナリティーあふれたものでもいいでしょう。重要なのは各職位の職務要件（**図３**）を明確にすることです。さらにその職務要件を満たすためには何ができればいいのか、給与テーブル（**図４**）とも照らし合わせて行動目標に落とし込んでいく必要があります。その行動目標こそが人事考課の基準になるのです。

図１　人事考課制度を構築する手順

経営理念
↓
中長期ビジョン
↓
将来の体制図（**図２**参照）
↓
各職位の職務要件（**図３**参照）
↓
職位ごとの行動目標
（給与テーブルとの照合、**図４**参照）
↓
評価チェックシート（次ページ**図５**参照）
↓
人事考課制度完成

図２　将来の体制図

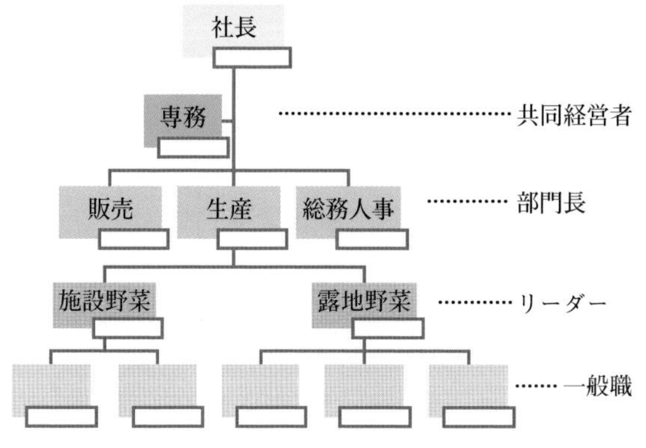

図３　各職位の職務要件

リーダー職

1. 部のビジョン、方針に沿った作業計画を策定
2. 部下のシフト管理
3. 部下への作業指示・技術指導
4. 作業（現場レベル）の意思決定
5. 部内の決定内容を社員に伝達
6. 現場の状況を部長に伝達
7. 部内の問題点、他部や取引先との不具合を報告
8. お客さまおよび取引先との交渉・リレーションの構築

一般職

1. 会社や部のビジョン、方針に沿った行動
2. 上司や先輩の仕事からの自己技術習得
3. 作業一つ一つの意義を理解
4. 作業の経過および問題点の報告
5. お客さまと取引先の対応・エスカレーション
6. 適期収穫（天候・作物の生育状況・売り上げを常に意識）
7. 作物の病気を早期に発見する観察力
8. 市場価格、農業技術などの外からの情報取得

図４　給与テーブルの例

基本給　（円）

勤続年数	勤続年給
勤続年数ピッチ	3,000
1	160,000
2	163,000
3	166,000
4	169,000
5	172,000
6	175,000
7	178,000
8	181,000
9	184,000
10	187,000
11	190,000
12	193,000
13	196,000
14	199,000
15	202,000
16	205,000
17	208,000
18	211,000
19	214,000
20	217,000
21	220,000
22	223,000
23	226,000
24	229,000
25	232,000

能力手当　（円）

号棒	一般職	リーダー職	部門長
能力ピッチ	2,000	5,000	10,000
1	0	30,000	70,000
2	2,000	35,000	80,000
3	4,000	40,000	90,000
4	6,000	45,000	100,000
5	8,000	50,000	110,000

入社時

MIN	160,000
	～
MAX	168,000

30歳想定（勤続年数10年）

MIN	187,000	217,000	257,000
	～	～	～
MAX	195,000	237,000	297,000

40歳想定（勤続年数20年）

MIN	217,000	247,000	287,000
	～	～	～
MAX	225,000	267,000	327,000

目標の達成度を評価し伝える

人事考課の際は、各職位の行動目標を分かりやすく表に書き起こした「評価チェックシート」（**図5**）を作成し、自己評価用と上司評価用のシートを同じ項目でそれぞれ準備します。そして従業員と上司がそれぞれチェックしたシートを持ち寄って面談します。

すると、自己評価は高くても上司評価は低い項目が出ることがあります。その差をコミュニケーションによって埋めていくことで、互いに信頼関係が生まれます。そして、この１年で目指す目標を決めます。最初は達成しやすい目標を設けてあげることが人を育てていくポイントです。

期末になってその達成度を振り返り、昇給・昇格を判断し、本人へ伝えます。期末に良い評価を伝えたいという思いがあれば、日頃の作業でも気に掛けてあげようという意識が芽生えます。それこそが人材育成であり、人事考課とはその人材育成の習熟度を測る物差しなのです。　**（宮村）**

図5　評価チェックシートの例

令和　年　月　日

チェックシート

基本的能力

リーダー職用

（氏名・印）

（育成面談担当者氏名・印）

Ⅰ　評価期間における職務内容

期　間	現在の職能区分	職　務　内　容
令和　年　月　日～ 令和　年　月　日		

Ⅱ　職務遂行のための基本的行動　（「職務遂行のための基準」ごとに、該当する欄に○を記載）
A:常にできている　B:大体できている　C:評価しない　「評価を行わなかった」場合は／（斜線）でC欄を消す

能力細目	目標設定時の評価						職務遂行のための基準		レベル			重点改善項目	チャレンジ項目	年度末考課		
	自己評価			企業評価										企業評価		
	A	B	C	A	B	C			1等級	2等級	3等級			A	B	C
部のビジョン、方針に沿った作業計画を策定							1	週ミーティングを開き、ホワイトボードを使用するなど明確に作業計画を指示できている	○							
							2	年間の出荷計画を理解し、月間・週次・日次の出荷目標を設定できているか			○					
部下のシフト管理							1	公休の伝達をしっかりと行っているか	○							
							2	天候や作業進捗状況に合わせて勤務の調整をしているか		○						
							3	作成したシフトで勤務管理ができる	○							
部下への作業指示・技術指導							1	5W1Hで伝えているか（いつ、どこで、だれが、なにを、こうだから、こうやって）	○							
							2	ムリ・ムダ・ムラがでないよう作業の振り分けを行っているか		○						
							3	作業計画をもとに効率的なタイムスケジュールを組んでいるか		○						
							4	マニュアルを作成したり、メモをとらせたり、部下が技術習得できる環境を作っているか		○						
作業（現場レベル）の意志決定							1	圃場や作物の状況を把握し、根拠をもった判断をしているか		○						
							2									
部内の決定内容を社員に伝達							1	常に部下とコミュニケーションを図っている	○							
							2	部の決定事項を正しく、不足なく、相手にわかりやすい言葉で伝えているか	○							
現場の状況を部長に伝達							1	作物の栽培状況や収穫状況を適宜上長に報告しているか	○							
							2									
部内の問題点、他部や取引先との不具合を報告							1	相手方の要件を汲み取り、問題点を追求し、上長に経緯と対応策を報告しているか		○						
							2									
お客様および取引先との交渉・リレーションの構築							1	収穫物（特に減農薬米）の特徴を説明し、相手の信頼を得る事ができるか		○						
							2									

（総評・コメント）	判定の定義 A　常にできている B　大体できている C　できていない 4等級:1～2等級のラインオールA、3等級ラインのオールB以上 5等級:オールA

※農業経営サポートサイト「スグスク」（https://sugusuku.jp/）参照

Q6 「自分の将来が見えない」と従業員が言っています。どうすれば？

A 働き手不足の今日、従業員の定着を図り、将来に向かって戦力として活用していくには、農場における従業員個々のキャリアアップへの道筋であるキャリアパスの「見える化」が必要です。

解説

エンゲージメントの向上で定着へ

2000年代になって成人した人たちを「ミレニアルズ」と呼ぶことがあります。これから農業の現場での活躍が期待される彼らですが、自分の働いている組織に対する帰属意識が低いのが特徴といわれています。また、彼らが労働の現場に対して重視するのは報酬や「ワーク・ライフ・バランス」、柔軟な働き方ができるか、自分が成長する機会を与えてくれる組織か、専門的な能力の開発を支援してくれるかどうか、自分が携わっている仕事が社会に対して影響力を持てるか、などとされています。

農業経営者はそうした彼らの希望に応えつつ経営力を向上させ、人材の定着を図っていかなければなりません。そのためには経営理念を明らかにし、その理念の価値観に基づいて将来こうありたいと思う姿を経営ビジョンとして表現し、農場が将来に向かって社会・消費者に何を提供していくのか従業員に示すことが重要です。

さらにビジョンを実現するための基本的手段として経営戦略を構築し、それを経営計画として具体化させ、その計画に沿って従業員と共に行動し、結果を検証しながら翌期の経営計画に反映させていく―といった「マネジメント・サイクル」を回していくことが、従業員のエンゲージメント（農場に対する自発的な貢献意欲や主体的に仕事に取り組んでいく姿勢）を向上させ、結果的に人材の定着につながります。

キャリアパスの「見える化」

その際、必要となるのが従業員のキャリアパスの「見える化」です。キャリアパスとは、農場において従業員がある職位や職務に就くまでに必要となる業務の経験やその順序のことをいいます。それが明確であるほど、就農希望者や既存の従業員は、農場で働くことで将来どのようなキャリア形成が図られ、どのようなポジションに就けるのか、夢を描きやすくなります。

採用難と企業の人材需要の急激な増加によって、終身雇用制度や年功序列制度が機能していた以前に比べ、転職の機会が格段

表　キャリアパスの「見える化」で期待できる効果

優秀な人材の確保・定着	キャリアパス制度の導入により、採用のミスマッチを減らすことができます。求める人材の基準を明確にし、最初から自社に合う定着可能性が高い人材を集めることは極めて重要です。キャリアパスが明らかになっていれば、応募する側も自身が農場に適しているか、何を求められているかが事前に分かります。また、キャリアパスの内容が理にかなっていて、従業員にとって将来のキャリア形成や処遇が想像しやすくなると、おのずとエンゲージメント（自主的貢献意欲）も高まり定着が期待できます
人材の育成	キャリアパス制度を導入することにより、人材の育成を積極的に図ることができます。キャリアパスの「見える化」により、従業員にどのような業務を経験させ、どのような知識を与えればよいのかが明確になるからです
従業員のスキルやモチベーションの向上	農場が求める能力を知ることで、従業員は自らのキャリア形成の目標を明確に定めることができます。また、賃金や昇格・昇給なども明確な基準に沿った評価によって行えるため、納得性も高まり、従業員のエンゲージメントアップや農場全体の生産性向上につながります
適材適所な人員配置	農場に必要な人材像がキャリアパス制度により明示されるため、各従業員のスキルの過不足を把握することができ、計画的な採用や適切な研修、配置を行うことが可能となります

に増えています。農業経営においても人材定着策としてキャリアパスの重要性が見直されてきているのは、このような理由によります。キャリアパス制度を導入することによって、農業経営は経営計画に沿って適切な人材を配置できるようになります。従業員も自分のスキルや能力が職場においてどの辺りにあるのかが分かり、目標設定がしやすくなります。

このように農業経営にキャリアパスの制度を導入し、その「見える化」を図った際に期待できる効果を**表**にまとめます。

なお、キャリアパス制度により従業員個々の成長を実現するには、上司と部下の信頼関係に基づいた労働環境を整えることが必要です。キャリアパスの「見える化」を図り、効果を上げていくには、性急に効果を求めることなく、周到な準備と少しずつ不具合を直しながら制度を組織に浸透させていくことが大切です。　**（小笠原）**

Q7 キャリアパスの作成・運用のポイントは？

A 安易な思い付きや場当たり的な考えではなく、経営理念・ビジョン、事業計画などに沿った形で作成・運用していくことが、キャリアパス制度を組織に根付かせるコツです。また制度運用に当たっては、従業員個々のキャリア形成プランを共有し、支援していくことが結果的に農場の利益になります。

解説

ビジョンや事業計画に基づいて

キャリアパスとは、農場において従業員がある職位や職務に就くまでに必要となる業務経験やその道筋のことを指します（Q6参照）。具体的には、経営理念、経営ビジョンに基づいた事業計画により必要とされる人材要件を明らかにし、それらを人事評価制度の全体像（等級数、昇進・昇格の要件など）として従業員に示すことです。そうした具体的なキャリアパスを従業員に示すことにより、従業員は自らが望むキャリア形成に対する動機付けがしやすくなり、仕事に対してより積極的に関わりを促すことになります。

昨今、若年従業員の採用・定着は経営上の重要課題となっています。人事評価制度導入によるキャリアパスの「見える化」によって、従業員にとっての採用前の期待と採用後の実態のギャップをなくし、人材育成体系を整備して、改善を図っていくことが必要とされています。また、採用前の段階では、あらかじめ採用後のキャリア形成（1年後、5年後、10年後にどうなっているか）を示すRJP（リアリスティック・ジョブ・プレビュー）を活用することで、農場に人材を引き寄せることも可能です。なお人事評価表の作成に当たっては、高齢・障害・求職者雇用支援機構が公開している「職業能力開発体系」を活用するのがよいでしょう。

また、評価表に連動した職業訓練体系ができれば、「農の雇用事業」などを活用して計画的な訓練を実施し、従業員の職務遂行能力の向上を図っていくことが可能になります。

人材育成につながる運用を

運用のポイントとしては、以下のことが考えられます。

①経営ビジョン、事業計画に基づいたキャリアパス制度ができていることを労使共に理解し、確実に実行していく

②実行した結果をその場限りのものにせ

図　キャリアパスの目指すところ

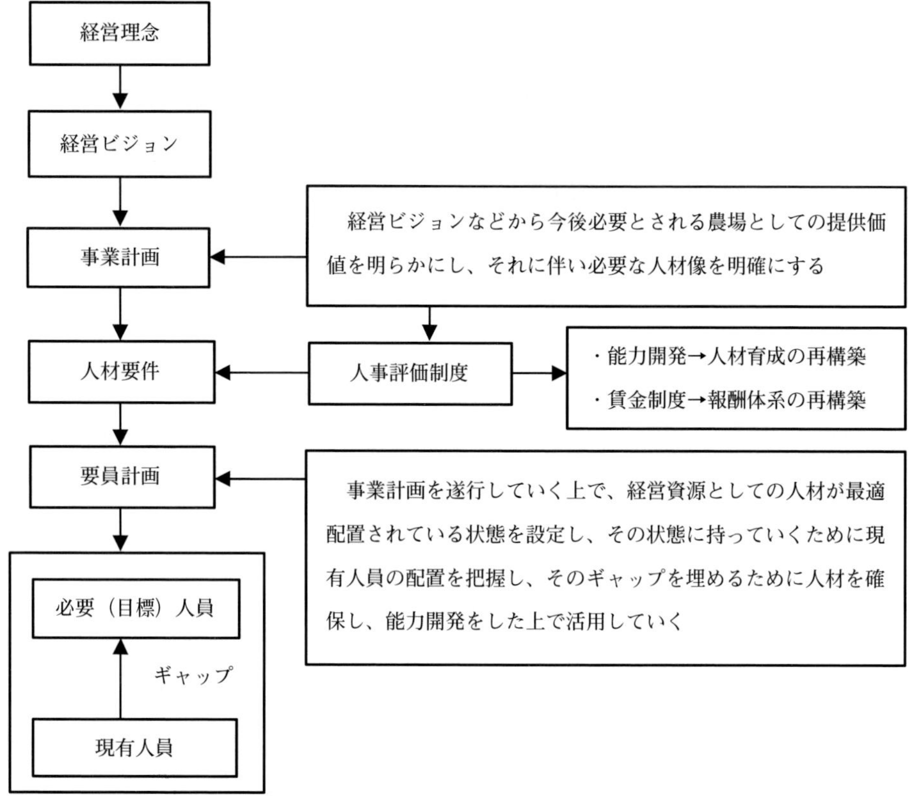

ず次期に活用されるようにしていく

③業務経験など個々の従業員のキャリアパスを記録し、計画的に能力開発を実施していく

④新たに採用した従業員には、入社日から数週間または数カ月の業務内容をあらかじめ知らせる（RJP）など、就労前と就労後のギャップを極力減らすことにより、スムーズに新しい職場環境・仕事に就けるよう業務経験を包括的にデザインしていく。それにより、従業員がどんな業務経験を求めているかを理解することにつながる

⑤能力開発の成果は必ず評価に反映させ、昇格・昇給などで報いるシステムを構築していく

⑥完璧な制度をつくろうとせず、農場の実態や今後のあるべき姿を想定した制度づくりをし、運用の中で修正していくスタンスで取り組んでいく

これらを実践することが、従業員の育成につながります（**図**）。　**（小笠原）**

Q8 これからの農業にはどんな人材が必要？

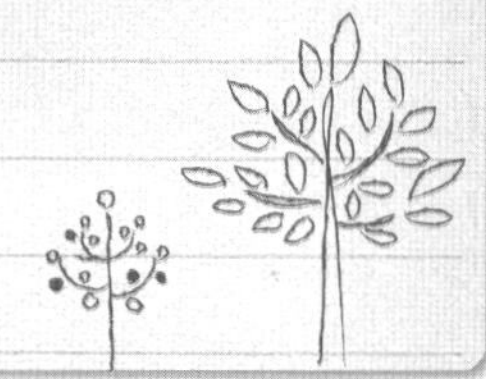

A 人・モノ・お金・情報の管理能力が高い人材と言いたいところですが、現実的に労働人口が減少する中、そのような人材を労働市場から獲得するのは非常に困難です。まず、自身の農場で働く「受動的社員」を「能動的社員」に脱皮させることが必要と思います。また、能動的社員を増やすためには、経営者との中継役となるリーダー社員が必要です。

解説

受動的社員へのジレンマ

農業に限らず経営者から、よく次のような悩みを打ち明けられます。「うちの社員は言われたことしかやってくれない」と。つまり「受動的社員」ということです。ところが、受動的な社員の仕事ぶりを見ると、決して意欲がないのではなく、むしろ指示された業務を真面目に遂行していることが多いのです。この従業員に対する農業経営者のジレンマは、農場の経営の発展を間違いなく阻害します。では、経営者としてどのような順序でこのジレンマを解消していくべきか考えてみます。

まず、野球の外野手がバックホームの返球をするイメージを浮かべてみてください（次ページ図）。ジレンマに陥る経営者は直接ホームベースに向かって投げているため、捕手に球が届きません。ジレンマに陥らない経営者は内野手を中継して返球するため、確実に捕手に届かせることができるのです。ここでいう外野手は経営者で、捕手は実際に農作業を行う社員です。そして、中継する内野手は「リーダー社員」です。こうしたリーダー社員がいる農場は、経営者の意思や指示を確実に社員へ届けることができるのです。

■ジレンマ解消手順①～リーダー社員を育てる

第一に、中継役となるリーダー社員の育成に取り組まなければなりません。そのリーダー社員に自分の経営理念やビジョンを徹底的にたたき込むところからスタートします。次にリーダー社員には、ある程度の職務権限を持たせるようにしてください。例えば、農場内に「生産ロス率の改善」という課題があるとします。リーダー社員はこの課題に取り組む際、次の権限がないと解決は難しくなります。1つ目は社員のシフト決定、2つ目に資材発注、3つ目に社員の人事考課の権限です。特に3つ目は、上司と部下の関係をつくるための必

図　経営主の意思を確実に社員に届けるには

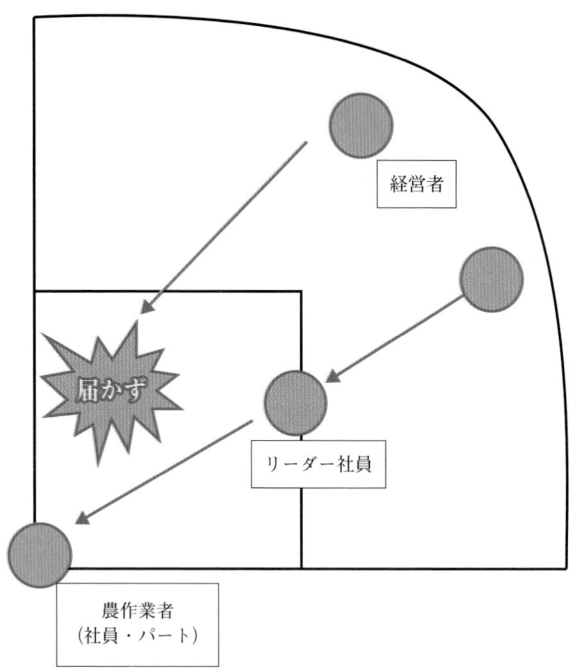

須条件です。人事考課権限といっても最終決定者ではなく、昇給・昇格申請者や1次考課担当者に置きましょう。

■ジレンマ解消手順②～リーダー社員を評価する

経営者の仕事は、リーダー社員を評価し、さらにモチベーションを向上させることです。適正な評価を行うためには、リーダーに定量的な目標値を与えるといいでしょう。ここで望ましいのは、例えば社員1人・1日当たりの収量や生産ロス率（歩留まり率）など分かりやすい目標値です。するとリーダー社員は目標達成のために自ら考え行動します。会社やチームに貢献することを自分の役割と認識するのです。

■ジレンマ解消手順③～リーダー社員に社員の管理や指導を任せる

農作業する社員の管理や指導は、リーダー社員に任せるといいでしょう。なぜなら一般の社員は、経営者よりも同じ従業員の立場のリーダー社員との方が信頼関係を築きやすいからです。年齢の若い社員であれば「将来○○さんのようなリーダー社員になりたい」と憧れを抱き、目標にすることもあります。年長者の社員も「リーダー社員の○○さんがあんなに一生懸命やっているのであれば、私たちも頑張ろう」とやる気や意地を見せる人もいます。

もし、このような社員になれれば、それはもう受動的社員から能動的社員への脱皮を果たしているのではないでしょうか。

リーダーの適任者がいなければ

今はリーダー社員となる適任者がいなくても、可能性のある社員がいないかどうか、もう一度考えてみてください。少しでも可能性があれば、その社員と行動を共にする時間を増やしてみてください。それと同時に、リーダー社員の要件と職務権限をまとめてみてください。そうすると、リーダー社員へ育つまでに何を教えていくべきかが明確になります。　**（宮村）**

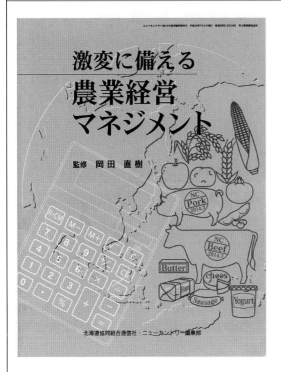

Q9 従業員の賃金はどのように決めればいいですか？

A 労働法制上、賃金の決定方法は特定されておらず、あくまで使用者と従業員の合意によって定めることができます。ただし実際には、多くの会社で就業規則の一部として、賃金制度が規定されています。

賃金額は残業手当などの算定基準にもなります。また、労働契約の内容となっている手当や賃金については、労働者の承諾がない場合などには、不支給や減額はできません。従業員の業務内容や労働時間、昇給制度などを考え、賃金額を決めましょう。

解説

賃金とは何か？

労働基準法11条で「賃金」は、「賃金、給料、手当、賞与その他名称の如何（いかん）を問わず、労働の対償として使用者が労働者に支払うすべてのもの」と定義されています。さらに賃金支払い方法の諸原則（24条、全額払い原則など）、労働条件としての明示義務（15条）や割増賃金支払い義務（37条）などの労基法による規制もあります。

また、労基法上の賃金は、①労働の対償であること②使用者が労働者に支払うもの—という２つの要件から成っています。

■労働の対償であること

まず「労働の対償」かどうかは、問題となる給付の性質・内容に照らし個別的に判断されます。行政実務上は①任意的恩恵的給付②福利厚生給付③企業設備・業務費—という３つの概念があり、これらに該当するものは「賃金ではない」としています。

①任意的恩恵的給付

退職金（退職手当）や賞与（一時金）について、それを支給するか否か、いかなる基準で支給するかが使用者の裁量に委ねられている場合には、賃金とはなりません。ただし、これらの給付についても、労働協約、就業規則または労働契約などであらかじめ支給することや支給基準が定められている場合には、使用者の支払い義務があるものとして賃金になります（1947年９月13日、基発17号）。

②福利厚生給付

使用者が労働の対償としてではなく、労働者の福利厚生のために支給する利益または費用については、「福利厚生給付」として賃金とはなりません。典型例としては、資金貸し付け、金銭給付、住宅貸与や、従業員のためのレクリエーション施設の提供などがあります。

食事の供与についても、賃金の減額を伴わず、従業員との間の労働条件にもなっておらず、客観的評価額がわずかであるときは、代金を徴収するか否かを問わず、賃金ではないとされます（55年10月10日、基発644号）。また、代金を徴収して支給するものは原則として賃金にはなりませんが、徴収代金が実際費用の３分の１以下であるときは、徴収金額と実際費用の３分の１との差額部分は賃金とみなすとする解釈例規があります（47年12月９日、基発452号）。

③企業設備・業務費

作業用品代や出張旅費、交際費、作業服、制服といった業務遂行に必要な設備・費用は、本来使用者が負担するべきものになるので、賃金には当たりません（48年２月20日、基発297号）。ただし、通勤手当や通勤定期券は、本来労働者が労務提供の費用として負担すべきものなので業務費ではなく、その支給基準が定められている限り、賃金となります。

■使用者が労働者に払うもの

賃金は「使用者が労働者に払うもの」なので、ホテルや飲食店などで客が従業員に支払うチップは賃金ではないことになります。社外への積み立てから支払われる年金や、従業員が死亡した場合に遺族に支払われる死亡退職金、労働者でない取締役などへの役員報酬なども賃金には該当しません。他方、給仕奉仕料（サービス料）や当日労働（サービス）をした労働者に機械的に分配される仕組みのものについては、使用者が支払うものとして賃金となります。

決定、変更のルール

賃金の決定に当たっては、賃金額や決定方法が労働協約などに違反してはなりませんし、就業規則を下回る内容であってもなりませんが、基本的には契約当事者の合意により定めることができます。ただし多くの会社では、就業規則の一部として賃金制度が規定されており、これにより賃金が支給されている仕組みになっています。

賃金の決定要素について日本では、職務遂行能力に応じて支払う賃金である職能給の考え方により基本給を定め、役職手当や賞与などで職務給、成果給的要素を考慮するケースが多くあります。これは職務、勤務地、労働時間などの限定が実質的に存在しない正社員雇用が背景にあります。

他方、職務や勤務地が実質的に限定されたような非正社員については、職務給（現に就労する職務）で基本給を決定し、職務遂行能力などを勤務手当などで付加的に考慮する制度にしている例が多くあります。

賃金に関する規制については、次のようなものが挙げられます。

・差別禁止・不利益取り扱い禁止、均等・均衡処遇義務など（労基法３、４条、労組法７条１号、パートタイム労働法８条、労契法20条など）
・適法な権利行使者への不利益取り扱いの禁止（労組法７条４号、雇用機会均等法９条３項、育児･介護休業法10、16条など）
・法令違反の通報者の不利益取り扱い禁止（公益通報者保護法５条、労基法104条２項、労安法97条２項、職安法48条の４第２項、派遣法49条の３第２項、賃確法14条２項）
・民法90条（公序良俗）などの一般条項
・その他の労基法・最賃法の強行規定（労基法上の出来高払い制の保障給、最賃法上の最低賃金の規制など）

支払い方法に関する義務

労基法24条は、労働者の生活の糧である賃金が確実に支払われることを担保する目的で、賃金支払いの方法について使用者に対し、①通貨払いの原則②直接払いの原則③全額払いの原則④毎月払いの原則・一定期日払いの原則―といった義務を定めています。

①通貨払いの原則

労働者の賃金は通貨で支払わなければなりません（労基法24条１項）。この原則の例外の一つとして、労働協約の締結による現物払いが認められていますが、労働組合との協約によりその組合員に対して効果が生じるものなので、労働組合がない場合には利用できません。

また、労働者の同意を得ることを条件に、当該労働者が指定する金融機関の口座などへの振り込みもできることになっており、これも通貨払いの原則の例外となります（労基則７条の２）。

②直接払いの原則

賃金は労働者に直接支払わなければなりません。この原則の下、賃金債権の譲受人、労働者本人の委任を受けた者、または代理人への支払いは原則として許されません（小倉電話局事件・最三小判、68年312民集22－３－562参照）。

賃金債権が譲渡された場合でも、使用者はこの原則に基づいて、労働者本人に支払わなければなりません。ただし賃金のうち４分の１は、差し押さえが可能となっています（民執152条参照）。民事執行法に基づく差し押さえにより、使用者が差し押さえ債権者に支払いをした場合には（民執155条）、この原則違反にはなりません。

③全額払いの原則

賃金はその全額を支払わなければなりません。これは労働者に賃金の全額を確実に受領させ、労働者の経済生活の保護を図る趣旨に基づくものです。

この原則の例外として賃金の一部控除が許されるのは、法律に定めがある場合、もしくは過半数組合または過半数代表者との書面協定（過半数代表者との労使協定）がある場合となっています（労基法24条１項ただし書き）。

この原則の下では、使用者が労働者に対する債権を有している場合（使用者の労働者に対する損害賠償請求権など）でも、賃金債権と一方的に相殺することは許されません（日本勧業経済界事件・最大判、61年５月31日、民集15－５－1482など）。

もっとも使用者が労働者の合意を得て行う相殺で、労働者の自由な意思に基づいてなされたと認められるに足りる合理的理由が客観的に存在するときは、全額払いの原則に反しないと解されています（日新製鋼事件・最二小判、90年11月26日、民集44－８－1085）。

④毎月払いの原則・一定期日払いの原則

賃金は毎月１回以上、一定の期日を定めて支払わなければなりません。これは支払い期日が一定しないことによる労働者の生活上の不安定を防止することが趣旨となっています。

ただし臨時に支払われる賃金や賞与、その他これに準じるものであって、厚生労働省令で定めるものはこの原則に服しないことになります（労基法24条２項）。

（今野）

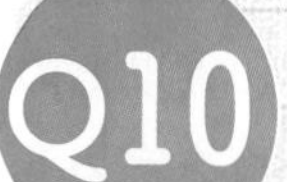

賞与、退職金は必ず支給しなければならない？

A 賞与や退職金の制度については、「支給するか否か」「いかなる基準で支給するか」は、もっぱら使用者の裁量に委ねられています。このため、「支給しない」とすることも可能です。ただし、これらの支給条件が就業規則や労働契約などで明確にされている場合は、賃金として使用者に支払う義務が生じます。賞与や退職金の制度を設けた場合、その支払い原資の確保、積み立てなどが重要になってきます。使用者としてはそれらも考える必要があります。

解説 退職金や賞与の規定は、人材確保や従業員のモチベーション向上の面でも重要です。毎月の給与額の他、退職金制度や共済の利用などにより、労働環境や労働条件を整備し、将来を見据えた経営判断をしていきましょう。

賞与～勤務成績に応じて支給

賞与とは、「定期または臨時に、原則として労働者の勤務成績に応じて支給されるものであって、その支給額があらかじめ確定されていないもの」をいいます（1947年９月13日基発17号）。そして、定期的に支給され、かつその支給額が確定しているものは、名称に関わらず、賞与とはされず（47年９月13日基発17号）、「賃金」に位置付けられます。

■金額は業績などに基づき決まる

賞与は、基本的には支給対象期間の勤務に対応する賃金ということとなりますが、功労報償的意味の他、生活補塡（ほてん）的意味や将来の労働への意欲向上策としての意味も含まれており、多様な性格を有します。賞与の請求権は就業規則によって保障されているわけではなく、各時期の賞与につき、使用者が会社の業績などに基づき算定基準を決定して労働者に対する成績査定をしたとき、または労使で会社の業績などに基づき金額を合意して初めて具体的な権利として発生するものとなっています。

そのため、賞与について就業規則で規定されている場合でも、使用者による業績などによる算定基準の決定および労働者に対する成績査定がなされない限り、労働者は賞与を請求することはできないことになります（須賀工業事件・東京地判、2000年２月14日労判780号９ページなど）。

■不当な査定に対しては差額請求も可能

他方、労働者からすれば、賞与の算定基準・方法が定められている場合、これらに従って成績査定を実施するように請求することができると解釈できます。

また、賞与の査定が不当だったり、不当な算定方法に基づき賞与が不支給あるいは減額とされたことに対しては、その賞与の差額を具体的に算定できる場合、差額賞与の支払い請求や差額相当の損害賠償請求を認める事案も多くあります（東朋学園事件・最一小判、03年12月4日判タ1143号233ページ、JR西日本国労広島地本事件・広島地判、1993年10月12日判タ851号201ページなど）。

賞与について就業規則などで一般的な定めがされているときだけでなく、就業規則や労働契約、労使慣行などで支給金額が具体的に算定できる程度に算定基準が定められている場合（例えば「月ごとの基本給の2カ月分を支払う」などとの定めがある場合）は、労働契約で金額が保障されているとして、その支給要件を満たす限りにおいて、使用者の決定を待たずに具体的な権利として賞与請求権が発生します。

退職金～労働契約終了に伴い支払い

退職金とは「労働契約の終了に伴い、使用者が労働者に支払う金員（金額）」をいい、その支払い方法により退職時に一度に支払う「退職一時金」と、年金方式による「企業年金」とに分けることができます。

■退職金制度を定めたら、明示義務あり

使用者は「退職金を支払うか否か」、そして「支払う場合にどのような内容にするか」を自由に定めることができます。ただし退職金制度を定めた場合には、労働契約時における労働条件の明示義務を負うことになります。

具体的には、「退職手当の定めが適用される労働者の範囲、退職手当の決定、計算および支払い方法ならびに退職手当の支払いの時期に関する事項」を明示する義務を負っています（労基法15条1項、労基則5条1項4号の2）。特に常時10人以上の労働者がいる事業場で退職金制度を定める場合は、就業規則に「適用される労働者の範囲、退職手当の決定、計算および支払の方法ならびに退職手当の支払いの時期に関する事項」を明記する必要もあります（労基法89条3号の2）。

このように労働協約や就業規則、労働契約などであらかじめ退職金の支給条件が明確に定められている場合、退職金は「賃金」（労基法11条）に該当するため（1947年9月13日発基17号）、使用者は「通貨で、直接労働者に、その全額を支払わなければならない」こととなります（労基法24条1項）。

■懲戒解雇時は減額・不支給の検討も

退職金には、賃金の後払い的性格（算定基礎賃金に勤続年数別の支給率を乗じて算定されること）と功労報償的性格（勤続年数が増えるにつれて支給率が上昇すること）などの性質を有しているため、懲戒解雇などで退職金を減額、不支給とする場合は、退職金の性格に基づき検討が必要になります。

この点について判例・通説では「退職金の減額や不支給との定めは、退職時に減額・不支給事由の存否を踏まえて初めて発生するもの」として、賃金全額払いの原則に反しないものと位置付け、退職金の複合的性格を踏まえて条項の合理性を検討しています。

懲戒解雇に対する退職金減額・不支給条項については「永年の功労を抹消するほどに重大な事由があったかどうか」の観点から判断され、重大でない場合には減額・不支給措置は公序違反として無効となり（日本高圧瓦斯工業事件・大阪公判、84年11月

29日労働民例集35巻6号641ページ)、過去の功労を抹消した程度に応じて限定的に適用を認めるとする判断がされています（三晃社事件・最二小判、77年8月9日労経速報958号25ページ)。

また退職金を減額・不支給とできる場合として、懲戒解雇の場合の他、下記のような条項を設けていた場合、同条項に従い、減額、不支給とすることも可能で、支給後に判明した場合は、その返還請求も可能と解釈されています（阪神高速道路公団事件・大阪地判、88年11月2日労働判例531号100ページなど参照)。

〈例〉　記

「退職後において、在職中に懲戒解雇事由に相当する行為があったことが判明した時、退職金を一部または全部支給しない。既に退職金を支給済みの場合は、その返還を求めることができる」

経営者向けの原資確保制度

経営者向けの退職金・給与などの原資確保のための制度を紹介します。

■小規模企業共済制度

生活の安定や事業の再建を図るための資金をあらかじめ準備しておく共済制度で、廃業時・退職時に共済金を受け取れます。なお、事業資金などの貸付制度を利用することもできます。

【対象者など】常時雇用する従業員が20人以下の法人の役員または個人事業主が対象となります。掛け金は全額所得控除（月7万円、年84万円まで）対象です。

■中小企業退職金共済制度

従業員のための退職金の積立金に対して国の助成を受けることができます。なお掛け金は損金として全額非課税となり、パートタイマーの人も加入することができます。

【対象者など】常時雇用する従業員数が300人以下または資本金・出資金の額が3億円以下であれば対象となります（事業主および小規模企業共済制度に加入している人は加入できません)。

■経営セーフティ共済（中小企業倒産防止共済)

加入後6カ月以上経過し、取引先事業者が倒産した場合、積み立てた掛け金総額の10倍の範囲内（最高8,000万円）で、回収困難な売掛金債権などの額以内の共済金の貸し付けを受けることができます

【対象者など】資本金の額または出資の総額が3億円以下の法人または従業員数300人以下の法人または個人が対象となります。掛け金は全額損金計上（月20万円、年240万円まで）できます。

なお、農事組合法人は加入できません。

(今野)

Q11 農業には、労働基準法が適用されないのですか？

A 農業は天候などの自然条件に左右される性質上、労働基準法の一部が適用除外になっています。ただし、農業が全て適用除外になるとは限りません（表）。適用除外される事項は「労働時間」「休日」「休憩」の３項目です。その他の項目は適用されます。

表　労働時間、休日、休憩が適用除外される農業とは（労働基準法41条より）

①土地の耕作もしくは開墾または植物の栽植、栽培、採取もしくは伐採の事業その他農業
※林業は適用除外ではないので注意
②動物の飼育または水産動植物の採捕もしくは養殖の事業その他の畜産、養蚕または水産の事業

適用除外なのはあくまで農作業に従事する従業員であって、同じ会社が運営するレストランや農業製品の加工業務に従事する従業員などは適用除外になりません。

なお､外国人技能実習生については､「農業分野における技能実習移行に伴う留意事項について」（農林水産省農村振興局地域振興課）において労働時間、休日、休憩についても「基本的に労働基準法の規定に準拠することを求めている」とあり、適用除外事項についても法律を守るよう通知が出されていることに注意が必要です。

解説 では、適用除外される労働時間、休日、休憩にはどのような規定が定められているか確認します。

農業でも深夜割り増しは適用

■労働時間（労働基準法第32条）

労働時間とは使用者の指揮命令下にある時間のことをいいます。

労働時間は原則として、１日に８時間、１週間に40時間（特例措置対象事業場※1については44時間）までと決められており、これを法定労働時間といいます。使用者は、従業員に法定労働時間を超えて労働（以下、法定時間外労働）をさせることはできません。

例外として、36（サブロク）協定（Q15を参照）を労働基準監督署に届け出ることによって、36協定に記載された時間までは法定時間を超えて残業をさせることができます。ただし、残業してもらう場合には、以下の割増率で計算された賃金（割増賃金）を支払う必要があります。

①１日８時間を超えた場合：25％以上の割増率で計算された賃金※2

②週40時間を超えた場合（①の時間を除く）：25％以上の割増率で計算された賃金※2

しかし、**表**に該当する農業の場合、「労働時間」が適用除外とされているため、「法定時間外労働」という概念がありません（休日、休憩に関しても同様）。従って１日の所定労働時間や１週間の所定労働時間を自由に設定することができます（ただし、設定した所定労働時間を雇用契約書などに記載する必要はあります。詳しくはQ13参照）。割増賃金の支払い義務もなく、36協定の届出義務もありませんが、働いた時間分の賃金は支払う必要があります。

■休日（労働基準法第35条）

使用者は「法定休日」として、労働者に週１日または４週４日の休日を与えなくてはなりません。

例外として36協定を労働基準監督署に届け出ることで、法定休日に労働をさせることができます。ただし法定休日に労働してもらう場合は35％以上の割増率で計算された賃金を支払わなくてはなりません。

しかし、**表**に該当する農業の場合、「休日」という概念がないため、割増賃金の支払いは不要で、36協定の届け出義務もありませんが、働いた時間分の賃金は支払う必要があります。

■休憩（労働基準法第34条）

使用者は、労働時間が６時間を超える場合は45分以上、８時間を超える場合は60分以上の休憩を労働時間の途中に与えなくてはなりません。

しかし、**表**に該当する農業の場合、「休憩」は適用除外となっているため、与えなくてもいいのですが、野外での作業であることを考えると、適宜休憩を取ることは大切です。

■深夜労働

表に該当する農業は、労働時間については適用除外になっていますが、深夜時間（原則、午後10時～午前５時）に労働させた場合、賃金の深夜割増（25％以上）は適用となり、支払い義務があるのでご注意ください。

■年次有給休暇

農業は「休日」について適用除外になっていますが、年次有給休暇は除外になっていません（詳しくはQ21参照）。

人手確保へ“適用”する事業所も

このように農業（**表**に該当する農業に限る）は業務の性質上、天候に左右されるなどの理由から、労働時間、休日、休憩が労働基準法の適用除外になっています（深夜労働は除外になっていません）。

だからと言って、長時間労働や休日労働をお勧めしているわけではありません。深刻な人手不足の中で従業員を確保するため、適用除外とされている労働時間、休日、休憩についても他業種と同じ条件で雇用している農場もあります。また、前述の国の通知により外国人技能実習生には割増賃金などの支払いが必要になるため、待遇の差が日本人従業員の不満につながる可能性もあります。

今後は農業においても、これらの事項を可能な範囲で適用していくことが大切になってくるかもしれません。　**（澤田）**

※１　規模が10人未満の商業、保健衛生業、映画・演劇業、接客娯楽業

※２　大企業の月60時間を超える法定時間外労働に対する割増賃金率は50％以上であり、2023年４月１日から中小企業にも適用される（中小・大企業の判断基準はQ15の**表２**を参照）

Q12 家族や親族にも労働基準法は適用されるのですか？

A 労働基準法は「同居の親族のみを使用する事業※」を適用除外としており、原則、家族従事者（同居の親族）は労働基準法の適用対象にはなりません。

家族や親族にも労働基準法が適用されるか否かの判断は、①その家族との同居の有無、親族以外の従業員の使用の有無②他の従業員と同じような事業主の指揮命令下での労働時間の管理の有無、賃金の支払いなどの有無─の２つのポイントが決め手になります。

※「同居」とは、単に同じ家屋に住んでいるだけでなく、世帯（家計）も同じくしている状態をいいます。また、「親族」とは６親等内の血族、配偶者、３親等内の姻族をいいます

解説 家族従事者（同居の親族）は、その結び付き（特に経済的関係）が強く、一般の労働者および使用者と同様の取り扱いをすることは適当でないため、「同居の親族のみを使用する事業」は労働基準法の適用除外とされています。ただし、事業主が同居の親族以外の従業員を一人でも使用し、以下の要件を満たす場合、家族従事者（同居の親族）であっても労働者としてみなされ、労働基準法が適用されます。

①業務を行う際に、事業主の指揮命令に従っていることが明確であること

②就労形態が当該事業場の他の従業員と同様であり、賃金もこれに応じて支払われていること。特に始業と終業の時刻、休憩時間、休日、休暇など、および賃金の決定、計算、支払いの方法、賃金の締め切り、支払いの時期などについて、就業規則やそれに準ずるものでの定めにより、その管理が他の従業員と同様になされていること

図　家族・親族への労働基準法適用の判断

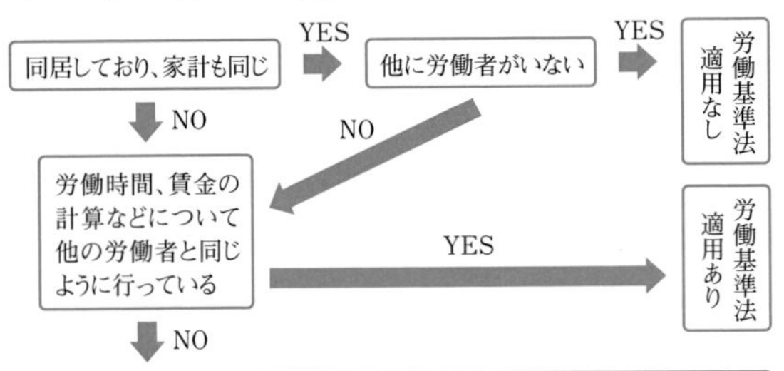

<参考>家族や親族の雇用保険（一般に失業保険といわれているもの）の取り扱いについて

・個人事業の事業主と同居している親族は、被保険者となりません

・法人の代表と同居している親族も、原則として被保険者とはなりません

ただし、以下のいずれにも該当する場合に限り、被保険者となる場合があります。

①業務を行うにつき、事業主の指揮命令に従っていることが明確である

②就業の実態が事業所における他の労働者と同様であり、賃金もこれに応じて支払われている

③事業主と利益を一にする地位（取締役など）にない

図のフローチャートで判断してみましょう。判断が難しいときは、最寄りの労働基準監督署へご相談ください。　**（澤田）**

従業員との雇用契約書は必ず作成しなければならない？

A 従業員との雇用契約のうち、主要な労働条件については文書で伝えることになっています。従って雇用契約書（または労働条件通知書）を作成し、従業員に交付しなければなりません。

「法律で決まっているから」というのはもちろんですが、労使間のトラブルを防ぐためにも、あらかじめ雇用条件を互いに確認し、納得した上で働いてもらうことが大切です。

解説 従業員に労働条件を伝える文書には「雇用契約書」と「労働条件通知書」があります。記載内容はどちらも同じで、労働基準法により定められています。

雇用契約書は使用者、労働者双方の署名または記名押印があるのに対し、労働条件通知書は使用者が一方的に従業員に労働条件を記載した書面を通知するものです。

労働基準法では、どちらでなければならないという決まりはありませんが、互いに署名または記名押印した雇用契約書の締結をお勧めします。

記載すべき内容とは？

では、どのような内容を記載しなければならないのでしょうか。

使用者は雇用契約の締結に際し、以下の事項については、労働者に必ず明示しなければなりません。このうち⑥以外の項目は、書面を交付し明示する必要があります。

①労働契約の期間に関する事項（期間の定めがある場合は、労働契約を更新する場合の基準に関する事項）

②就業の場所および従事すべき業務に関する事項

③始業および終業の時刻、所定労働時間を超える労働の有無、休憩時間、休日、休暇ならびに労働者を２組以上に分けて就業させる場合の就業時転換に関する事項（交代制、シフト制など）

④賃金（退職手当、臨時に支払われる賃金を除く）の決定、計算および支払いの方法、賃金の締め切りおよび支払いの時期

⑤退職に関する事項（解雇の事由を含む）

⑥昇給に関する事項

以下の事項については、制度として設けている場合には、明示しなければなりませんが、書面の交付以外の方法による明示も認められています。しかしトラブル防止などの観点から、望ましいのは書面での明示です。

⑦退職手当の定めが適用される労働者の範囲、退職手当の決定、計算・支払いの方法、支払い時期に関する事項

⑧臨時に支払われる賃金（退職手当を除く）、賞与などに関する事項ならびに最低賃金に関する事項

⑨労働者に負担させる食費、作業用品その他に関する事項

⑩安全・衛生に関する事項

⑪職業訓練に関する事項

⑫災害補償、業務外の傷病扶助に関する事項

⑬表彰、制裁に関する事項

⑭休職に関する事項

さらに、パートタイマーやアルバイトなどの短時間（短期間）の労働者には、下記の事項について書面で明示する必要があります。

①昇給の有無

②賞与の有無

③退職手当の有無

④相談窓口

このうち相談窓口については、雇用するパートタイム労働者からの相談に応じ適切に対応するための体制の整備が義務付けられていることから、設置する必要があります。

労働条件の明示は農業でも必要

農業は「労働時間」「休日」「休憩」について労働基準法の適用除外になっていますが、労働条件の明示に関しては除外されていません。従って雇用契約書や就業規則などには、「労働時間」「休日」「休憩」についての記載も求められます。

①所定労働時間は何時から何時なのか（業務の都合などにより変更することがある場合、その旨の記載が必要）

②休日はいつなのか（振り替え、代休などをする場合、その旨の記載が必要。詳しくはQ16参照）

③休憩はいつなのか（業務の都合により変更することがある場合、その旨の記載が必要）

他の項目と合わせて、これら３つの適用除外項目についても記載した雇用契約書などの交付が必要です。記載内容は**図**を参考にしてください。

労働条件通知書の様式は、厚生労働省のHP※からダウンロードできます。　**（澤田）**

※https://www.mhlw.go.jp/bunya/roudoukijun/roudoujouken01/

図　労働条件通知書の記載例（全ての項目記載内容は、青字で記載しているが、実際は取り決めた労働条件に該当する項目のみを記載すること。下線部には記載義務はないが、労働条件を明確にするため参考に記載。沖縄労働局HPより引用・編集）

労働条件通知書

令和　○年　○月　○日

○○　○○　　殿　　　事業場名称・所在地　沖縄県宮古島市○○×－×－×　○　○　会　社
使用者職氏名　代表取締役　○○　○○　㊞

契約期間	期間の定めなし、期間の定めあり（有効期間　令和○年４月１日～令和○年３月３１日） （試用期間　令和○年４月１日～同年５月末日） １　契約の更新の有無 ［自動的に更新する・更新する場合があり得る・契約の更新はしない・その他（　　）］ ２　契約の更新は次により判断する。 ・契約期間満了時の業務量　・勤務成績、態度　・能力 ・会社の経営状況　・従事している業務の進捗状況 ・その他（　就業規則第○条による）
就業の場所	当社内または○○支店（支店住所○○）
従事すべき業務の内容	経理事務（詳細は社内業務概要参照）
始業、終業の時刻、休憩時間、就業時転換（(1)～(5)のうち該当するもの一つに○を付けること。）、所定時間外労働の有無に関する事項	１　始業・終業の時刻等 (1) 始業（　８　時　３０　分）　終業（　１７　時　３０　分） 【以下のような制度が労働者に適用される場合】 (2) 変形労働時間制等；（１カ月）単位の変形労働時間制・交替制として、次の勤務時間の組み合わせによる。 始業（　8時３０分）　終業（１７時３０分）　（適用日　　） 始業（　１２時００分）　終業（　２１時００分）　（適用日　　） 始業（　８時３０分）　終業（　１２時３０分）　（適用日　土曜日） (3) フレックスタイム制；始業および終業の時刻は労働者の決定に委ねる。 （ただし、フレキシブルタイム（始業）　8時30分から10時30分、 （終業）　16時30分から18時30分、 コアタイム　10時30分から16時30分）、月所定170時間勤務 (4) 事業場外みなし労働時間制；始業（８時00分）終業（16時00分）とし1日8時間労働とみなす。 (5) 裁量労働制；始業（８時00分）　終業（17時00分）を基本とし、労働者の決定に委ねる。 ○詳細は、就業規則第　○　条～第　○　条 ２　休憩時間（　６０　）分 ３　所定時間外労働の有無（　有　，　無　）
休日	・定例日；毎週　土・日　曜日、国民の祝日、その他（会社カレンダーによる） ・非定例日；週・月当たり８日、その他（シフト表による　） ・１年単位の変形労働時間制の場合－年間１００日
休暇	１　年次有給休暇　６カ月継続勤務した場合→　１０　日 継続勤務６カ月以内の年次有給休暇　（有　・　無） →　３カ月経過で５日（ただし、本人が希望した場合に限る） ２　その他の休暇　有給（会社が奨励した資格の試験日、健康診断日、夏季休暇） 無給（投票に行った日、会社が奨励した資格以外の資格試験日）

（吹き出し）

労働条件通知書を労働者に交付した日を記載しましょう

本来の就業場所だけでなく、勤務場所が複数の場合はその場所も記載しましょう

試用期間を設ける場合には、その旨を明示しましょう

できる限り具体的な判断が必要な場合は就業規則などに記載し、その旨「就業規則○条による」として労働者に周知しましょう。更新の基準についてはなるべく客観的に評価する制度を設けるようにしましょう。例：無断欠勤がないこと。業務命令違反での始末書、減給措置が２回以内であること、など

労働者が従事する業務を示し、マニュアルなど）があればその旨表示しましょう

変形制については法制度、協定内容を説明しましょう

変形制労働時間制、フレックスタイム制でも週の労働時間は平均40（44）時間であることに注意してください！！

交替制や変則的な場合でも、原則的な時間を明記しましょう。適用日は曜日、毎月15日など決まった日を記載しましょう

※参照

６時間を超えたら45分。８時間を超えたら60分の休憩が必要です

裁量労働制、事業場外みなし労働時間制の場合は労使協定が必要なので、各労働者へ説明する際には協定内容も併せて説明するようにしましょう

休日は１週１日以上か４週４日以上必要です

年次有給休暇は付与日数、残日数が変化するので管理簿などを作成して付与日数、残日数を把握しましょう

※フレックスタイム制を導入している会社でコアタイム（必ず就業する時間）とフレキシブルタイム（出退勤の自由が許されている時間帯）を記載し、月の所定労働時間もなるべく明示しましょう

（次ページにつづく）

（前ページのつづき）

賃　　金	1　基本賃金　(イ)　月給（　185,000 円）、ロ　日給（　　8,000円） ハ　時間給（　　700円）、 ニ　出来高給（基本単価50,000円、保障給130,000円） ホ　その他（　　　　　円） ヘ　就業規則に規定されている賃金等級等 2　諸手当の額又は計算方法 イ（　通勤手当4,100 円／計算方法：距離に応じて支給。詳細は就業規則○条） ロ（　職務手当10,000 円／計算方法：　職務遂行能力に応じて支給、詳細は就業規則○条） ハ（　　　手当　　　円　／計算方法：　　　　　　　　　） ニ（　　　手当　　　円　／計算方法： 3　所定時間外、休日又は深夜労働に対して支払われる割増賃金率 イ　所定時間外、法定超（　２５　）%、所定超（　２０　）%、 ロ　休日　法定休日（　３５　）%、法定外休日（　２５　）%、 ハ　深夜（　２５　）%　ニ　1カ月の残業時間　45時間以上60時間以内（３０）% 4　賃金締切日　　毎月　　末日（ただし、上記３のイについては28日締） 5　賃金支払日　　翌月　１０日（ただし、上記３のイについては翌月20日払） 6　賃金の支払方法（　本人が指定する口座に振り込む　） 7　労使協定に基づく賃金支払時の控除（無　,(有)（　親睦会費　）） 8　昇給（時期等　毎年４月　業績等勘案して行う　） 9　賞与（(有)（時期、金額等　業績等を勘案して年２回（7月・12月））,　無　） 10　退職金（(有)（時期、金額等　就業規則第○条による　　　　）,　無　）
退職に関する事項	1　定年制　（(有)（　６０歳）　,　無　） 2　継続雇用制度（(有)（　６５歳まで）　,　無　） 3　自己都合退職の手続（退職する　１４　日以上前に届け出ること） 4　解雇の事由及び手続 （1.天災その他やむを得ない場合　2.事業縮小等当社の都合　3.職務命令に対する重大な違反行為、4.業務上の不正行為、その他就業規則に該当する事由があった場合は、30日前に予告するか予告手当を支払って解雇する。）
そ　の　他	・社会保険の加入状況（(厚生年金)　(健康保険)　(厚生年金基金)　その他（　　　）） ・雇用保険の適用（(有)，　無　） ・その他（この条件に変更（昇給、配置転換）があった場合は別途会社規定の通知にて書面交付する。） ※以下は、「契約期間」について「期間の定めあり」とした場合についての説明です。 労働契約法第18条の規定により、有期労働契約（平成25年4月1日以降に開始するもの）の契約期間が通算５年を超える場合には、労働契約の期間の末日までに労働者から申し込みをすることにより、当該労働契約の期間の末日の翌日から期間の定めのない労働契約に転換されます。

賃金はしっかりと明示しましょう。手当は次項に記載してください

出来高給の保障給は最低賃金額を下回らないようにしましょう

基本給以外の手当や変動する賃金なども明記しましょう

賃金締切日、賃金支払日は必ず明記しましょう。また残業代の締切日、支払日が通常の賃金と相違する場合はその旨も明記しましょう

業績などの評価は客観的に評価する制度を設けるようにしましょう。
例：売り上げが6カ月間で500万円以上ある場合には基本給20万円→25万円に昇給させるなど

退職に関する事項は、採用時にはっきりと明示しましょう

複利厚生はどうなっているのかなども明示しましょう

条件が変更になった時の措置等を記載するなど会社のルールを入れるなど工夫しましょう

※　以上のほかは、当社就業規則による

※　労働条件通知書については、労使間の紛争の未然防止のため、保存しておくことをお勧めします

※　なお不明な点は担当部署（℡○○○）に確認すること

問い合わせ先を明示しておくとよいでしょう

以上の労働条件について相違のないことについて同意します。

労働者氏名　労働基準　太郎　㊞

契約内容を理解しその内容を承認してもらったら労働者に署名押印をしてもらう方法も労使間の紛争の未然防止の方法の一つです（署名押印後、同意していない条件を記載するのは無効です）

就業規則を作成する必要はありますか？

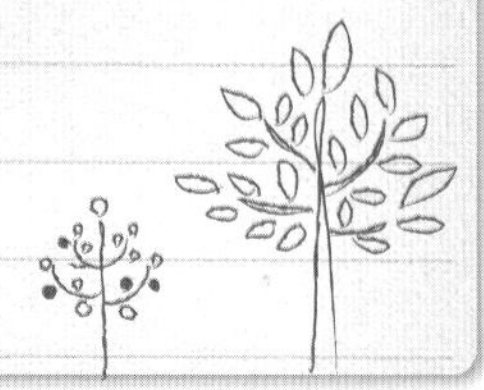

A 常時10人以上の労働者を使用する事業場では就業規則を必ず作成し、労働基準監督署に届け出なければならず（労働基準法89条）、変更した場合も再度届け出をしなくてはなりません。

作成した就業規則は、労働者への配付、常時各作業場の見やすい場所への掲示または備え付け、書面の交付などによって労働者に周知しなければなりません（労働基準法106条第１項）。

なお、労働者が10人未満の場合は就業規則の作成・届け出義務はありませんが、労働者との間の争いや不信感を抱かせるような状況を未然に防ぐ観点からも作成しておくことが望まれます。

解説 では、就業規則のポイントを見ていきましょう。

■「常時10人以上の労働者」とは

正社員の他、パートタイム労働者やアルバイトなど全ての労働者が含まれます。

■適用範囲

就業規則は全ての労働者に適用される必要があります。従ってパートタイム労働者などに正社員と異なった定めをする必要がある場合には、正社員の就業規則の他にパートタイム労働者の就業規則などを作成しなければなりません（次ページ**表１**）。

会社に存在する就業規則が、正社員の就業規則のみの場合は、パートタイム労働者にも正社員の就業規則が適用になるため注意が必要です。

■作成・変更する場合

就業規則を作成、変更する場合は、労働者代表の意見を聴かなければなりません（労働基準法90条）。なお「意見を聴く」とは、意見を求める意味で、同意を得ることまでは要求していません。ただし、労働条件は労使対等の立場で決定するのが原則であり、労働者代表の意見はできる限り尊重することが望ましいです。

■労働基準監督署への届け出

届け出の際は①就業規則本則②作成届③労働者代表者の意見書―を一緒に届け出る必要があります。変更の場合は就業規則本則の代わりに、変更前、変更後が分かる対照表でも構いません。

■労働者代表者とは

①労働者の過半数を占める労働組合がある場合には、その労働組合の代表者②労働組合がない場合や、労働組合があってもその組合員数が労働者の過半数を占めていない場合には「労働者の過半数を代表する

者」―になります。

なお労働者の過半数を代表する者は、次のいずれにも該当しなければなりません（労働基準法施行規則第６条）。

①労働基準法41条に規定する監督または管理の地位にあるものでないこと

②就業規則について、従業員を代表して意見書を提出する者を選出することを明らかにして実施される投票、挙手、互選などの方法による手続きにより選出された者であること

■効力発生時期

就業規則は、作成して労働者の代表者から意見を聴取し、届け出ただけでは効力が発生しません。就業規則の効力発生時期は、就業規則が労働者に周知された時期以降で、就業規則に施行期日が定められている場合はその日、定められていない場合は通常、労働者に周知された日とされていることに注意が必要です。

つまり、届け出しても会社の金庫に保管しておくなど、常時労働者が見ることができない場合は無効になります。

■記載すべき事項

Q13でご確認ください。ただし、①労働契約の期間に関する事項②就業の場所および従事すべき業務に関する事項―に関しては労働者一人一人違うため、個別の雇用契約書などに記載し個別に対応します。

■法令、労働協約との関係

就業規則の内容は法令、労働協約に反することはできません（労働基準法92条）。法令、労働協約に反する就業規則はその部分については無効となります。なお、労働協約とは、使用者と労働組合との間に結ばれる書面による協定のことです。

以上の内容を**表２**にまとめます。

なお厚生労働省HP※からモデル就業規則をダウンロードできます。ただし、あくまでモデルであり、内容をよく精査し、各事業所の実態に合った就業規則を作成することが大切です。（澤田）

表１　適用範囲の規定例

（適用範囲） 第○条　この就業規則は、○○株式会社に勤務する正社員の労働条件、服務規律その他就業に関する事項を定めたものである。 ２　パートタイム労働者に適用する就業規則は別に定めるものとする。 ※別に定めると記載してあるのに存在しない場合は、正社員の就業規則が適用になってしまいます

表２　就業規則のポイント

・作成、届け出義務のある事業場の常時雇用する労働者にはパートアルバイトなども含まれます ・全ての労働者に適用されるようにすることが必要です（パート就業規則など別規定を作成することも可） ・作成する際は労働者代表者の意見を聴かなくてはなりません ・労働者代表者になれる人、選出方法などには決まりがあります ・就業規則は作成、届け出だけでは足りず、労働者全員に周知して初めて効力が発生します ・就業規則に記載すべき事項はQ13を参照 ・就業規則の内容が法令、労働協約に反する場合はその部分について無効となります

※https://www.mhlw.go.jp/stf/seisakunitsuite/bunya/koyou_roudou/roudoukijun/zigyonushi/model/index.html

Q15 36（サブロク）協定って何ですか？

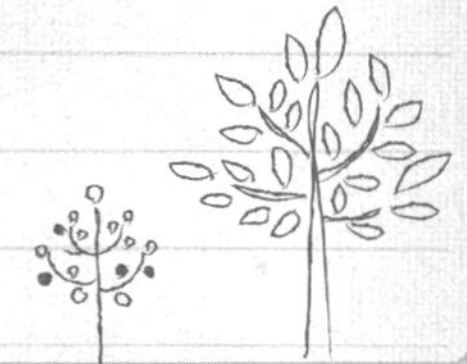

A 従業員に法定労働時間を超えて、または法定休日に労働してもらう場合、労働基準監督署に届け出をしなければならない協定書のことです（Q11参照）。

36協定の届け出をせず時間外労働をさせることはできません。また、36協定に記載した時間および休日を超えて労働させることもできません。

「労働時間」および「休日」が労働基準法の適用除外になっている農業の場合、36協定の届け出義務はありませんが、外国人技能実習生を雇い入れている農場は、農水省から通達が出されているため、届け出をしなければなりません。

解説 36協定には以下の事項を記載しなければなりません。

①時間外・休日労働をさせる必要のある具体的な事由（どうして発生するのか具体的に）

②時間外・休日労働をさせる必要のある業務の種類（どの業務・業種か細分化し区分の範囲を明確に）

③時間外労働・休日労働をさせる必要のある労働者数（時間外が発生する労働者は何人か）

④延長することができる時間、休日（1日、1カ月、1年間それぞれ）、休日労働日数および労働時間

表1　時間外労働の限度時間

期間	時間外労働の原則となる上限
1カ月	45時間
1年	360時間

※毎月45時間の時間外労働を行うと、12カ月で360時間を超えてしまうことに注意が必要

表2　中小企業の範囲

業務	資本金の額または出資の総額		常時使用する労働者数
小売業	5,000万円以下	または	50人以下
サービス業	5,000万円以下		100人以下
卸売業	1億円以下		100人以下
その他	3億円以下		300人以下

⑤起算日（有効期間は1年）

記入例は次ページ**図**を参照ください。また厚生労働省HP※では、36協定の作成ツールを公開しています。

なお36協定に記載する時間外労働時間数には、厚生労働省告示により限度時間が設定されています（**表1**）。今までは法的拘束力のない目安でしたが、大企業は2019年4月1日から、中小企業（**表2**）は2020年4月1日から罰則付きで法律に規定されました。

労働基準法の適用除外に該当する農業でも、従業員の健康面から長時間労働はできる限り減らすことが大切です。　**（澤田）**

※https://www.startup-roudou.mhlw.go.jp/support.html

図　36協定の記入例

様式第9号（第17条関係）

時間外労働
休日労働　に関する協定届

事業の種類	事業の名称	事業の所在地（電話番号）
農業（畑作）	株式会社 □□産業	札幌市○○町○番地　012-345-6789

	時間外労働をさせる必要のある具体的事由	業務の種類	労働者数（満18歳以上の者）	所定労働時間	延長することができる時間 1日	1日を越える一定の期間（起算日） 1ヵ月（毎月1日）	1年（4月1日）	期間
① 下記②に該当しない労働者	種まき・収穫作業	種まき・収穫	8人	1日8時間	10時間	45時間	360時間	平成31年4月1日から1年間
	農業機械のトラブル	整備	3人	同上	10時間	45時間	360時間	
	農薬・肥料の散布	散布	8人	同上	10時間	45時間	360時間	
② 1年単位の変形労働時間制により労働する労働者								

休日労働をさせる必要のある具体的事由	業務の種類	労働者数（満18歳以上の者）	所定休日	労働させることができる休日並びに始業及び終業の時刻	期間

協定の成立年月日　　平成 31年 3月 25日

協定の当事者である労働組合の名称又は労働者の過半数を代表する者の　職名

氏名　畑田　耕夫　㊞

協定の当事者（労働者の過半数を代表する者の場合）の選出方法（　投票による選出　）

平成 31 年 3 月 25日

使用者　職名　代表取締役

氏名　山田　太郎　㊞

札幌○○労働基準監督署長　殿

※中小企業は、2019年度中においては本書式で提出することとなります。2020年度以降は、新たな書式で提出する必要がありますのでご注意ください

雨が降って作業が中止になっても賃金の支払いは必要ですか？

A 支払いが必要になるケースもあります。農業の特性上、業務は天候に左右されることから、あらかじめ業務ができなかった場合の取り決め（休日の振り替えなど）を雇用契約書や就業規則などで定めておき、トラブルを未然に防ぐことが大切です。

解説 労働基準法26条は「使用者の責に帰すべき事由による休業の場合においては、使用者は、休業期間中当該労働者に、その平均賃金の100分の60以上の手当（休業手当）を支払わなければならない」と定めています。

では今回のケース（雨が降って作業が中止になった場合）について、①事業主の責に帰すべき事由に該当するのか②他に休業を回避する方法はなかったのか③そもそも休業手当はどのような意味で規定されているのか―という３点を考えていきます。

■事業者の責に帰すべき事由か

天候は自然現象であり、直ちに「使用者の責任だ」と判断はできません。

■休業を回避する方法はなかったか

あらかじめ天気予報などで天気を予想できるため、雨で作業ができない日を休日と振り替えることができないか考えてみます。一般の事業の場合、振休（振り替え休日）と代休で賃金の支払い方は異なりますが（次ページ**図**）、農業の場合は労働時間、休日、休憩については労働基準法の適用除外になっているため、あらかじめ休日と労働日を交換しても、休日に働いてもらった後で別の日を休日にしても、賃金の面で違いはありません。

■休業手当を規定する意味は

休業手当の支払い義務を定める規定は、労働者の最低限の生活を保障する趣旨で設けられています。そのことから考えると、天候の悪化で急に休みとなり予定していた給料が支払われないと、生活に影響が出てしまいます。できるだけ振休、代休、雨の日に別の業務ができないかなどを検討しておくことが労使トラブルを避ける意味でも大切になります。

以上のように、雨が降って作業できないからといって直ちに休業手当の支払いが不要となるわけではなく、他にしてもらう業務（例えば屋内での作業）を検討する余地があるのに、これをしないで「雨だから休み」としてしまった場合には賃金の支払いが必要になる可能性も出てきます。また、屋外作業しか選択肢がないとしても、どの程度の悪天候であれば休日とするのか、休日にするのを誰がいつの時点で決めるのかなどについてルールを定め、互いに共有す

図　振休（振り替え休日）と代休の違い（一般の事業の場合）

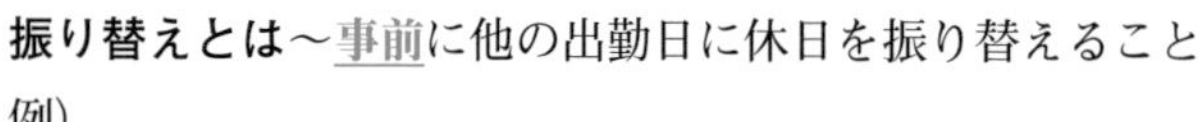

振り替えとは～事前に他の出勤日に休日を振り替えること
例）

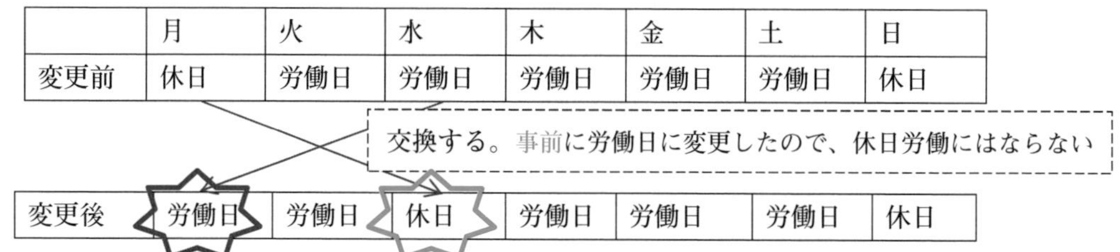

チェック項目	レ
就業規則、雇用契約書などに規定を設けているか	
事前に振替日を指定の上労働者に通知しているか	
できる限り近接した日に振り替えることが望ましい	

振り替えの結果、その週の労働時間が法定労働時間（週40時間）を超える場合は、その超えた時間は法定時間外労働となるので、注意が必要

代休とは～休日労働をした後で、その代償として他の労働日を休みとすること

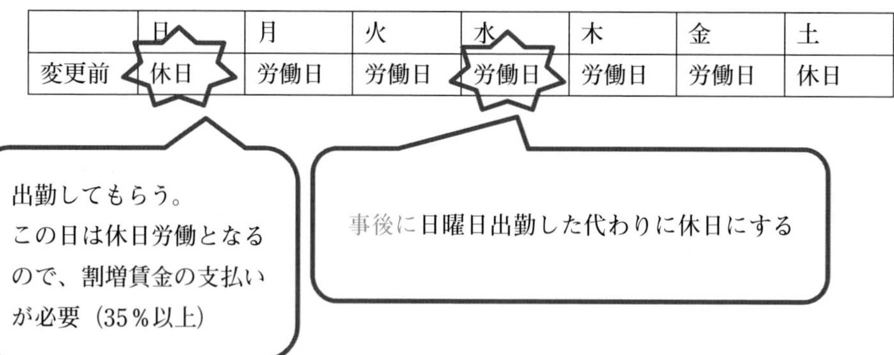

日
月
火
水
木
金
土
変更前
休日
労働日
労働日
労働日
労働日
労働日
休日
出勤してもらう。
この日は休日労働となるので、割増賃金の支払いが必要（35％以上）
事後に日曜日出勤した代わりに休日にする

表　雨天などによる休日の振り替えに関する規定例

第○条（休日）
1．休日は日曜日とする。（※事前に休日を定めておくことが望ましい）
2．前項の規定に関わらず、降雨･降雪などにより業務の遂行に支障が出る場合は、その日を休日に変更（振替）することがある。なお、その際の連絡は前日までに行うものとする。

ることで不要な争いを避けることは人材定着にもつながります（**表**）。

さまざまな対応を検討してもなお、悪天候や震災など使用者の側ではどうしようもない事情で休日となる場合には、賃金の支払いがないことを明確にしておくことも争いを避けるためには有効です。　**（澤田）**

Q17

従業員の問題行動が目に余ります。対応策を教えてください。

A 就業規則などの規定に基づき、問題行動が行われた都度、注意や指導を繰り返し行い、注意書や指導書、警告書、始末書などといった書面で記録を残した上で、最終的に解雇が必要であると判断した場合には、規定に基づいて解雇を行うべきです。

解説

事前に行うべき対応と解雇の影響

事業主は従業員との十分なコミュニケーションを図り、問題行動の原因が何なのか、それは改善できるものなのか、第三者の協力が必要か否か、先入観や固定観念、自分の中にある隠れた前提や常識など、事業主と従業員が互いの認識と現状を適切に理解し、改善に向けて努力することが大前提になります。しかし、現実問題として解決に至らないケースが多く存在します。そのようなケースで、最終的に問題になるのが解雇です。

解雇は、労働者にとっては生活の糧となる賃金収入の喪失を意味し、年齢や経験、性格などさまざまな要素が影響しますが、転職や再就職が困難になることも予想されます。また本人だけでなく家族がいる場合には、その影響は広範に及びます。

以上のことから従業員を解雇する場合には、事業所が定めた合理的な規定に基づき、懲戒解雇することの必要性と相当性を満たした上で、法律にのっとった手続きを順守して行う必要があります。

トラブルへの備え

解雇時に問題となるのが、「解雇は不当で無効である」との訴えを起こされるリスクです。裁判所に紛争が持ち込まれた場合には、証拠の有無が重要になります。そのため、注意や指導をした記録は必ず書面で取り、署名をもらうようにしましょう。従業員が拒否した場合にも、業務命令として、反省しているといった内容まで書くよう強制することはできませんが、注意や指導を受けた事実について署名を求めることは可能です。それさえ拒否された場合には、そのことを事実として記録し事業所で保管するようにしましょう。

なお、解雇は前述の通り従業員にとっては一大事であるため、容易に認められるものではありません。そのためよほどの事由でなければ一度の懲戒処分で解雇するのは難しいと考えた方が良いでしょう。そこで注意や指導を繰り返し行い、なお改善が見られないといった経過を経ながら、より上

<参考>退職勧奨による合意退職とは？

退職勧奨とは、農場側が従業員に対して退職を促すことです。解雇と捉えられがちですが、そうではありません。農場からの退職勧奨を受けて最終的に退職するかどうかを判断するのは、勧奨を受けた従業員であり、退職勧奨に合意することで、従業員の意思による退職（合意退職）になります。

従業員には、解雇されたという事実がなくなる他、雇用保険の失業給付を受ける際の受給日数が多くなるなどのメリットがあります。農場としても、従業員が退職を合意した際に「退職合意書」を取ることで、その後の無用な労使紛争（解雇無効の裁判など）を避けることにつながります。

農場と従業員の双方にメリットがある制度なので、「解雇」を選択する前に「退職勧奨による合意退職」を検討することをお勧めします。

位の懲戒処分を科していき、最終的に解雇または退職勧奨によって合意退職してもらうようにしましょう（<参考>を参照）。

また複数の懲戒処分に関連性が見られないほど、長期的に懲戒処分の数を評価するのは適切ではなくなります。そのため「1年間に5回注意や指導を行ったが、なお改善が見られなかった」といった具合に、問題行動への評価を行うのが適切です。

就業規則への規定

懲戒処分を行う場合には、それを規則に定めておく必要があり、定めがなければ懲戒処分を行うことはできません。そのためリスクを回避するためには、就業規則の作成義務がない10人未満の事業所であっても規則を作成し、懲戒処分を行う事由を明確にした上で、そのことを従業員に周知しておくことをお勧めします。また作成した就業規則の労働基準監督署への届け出の義務もありませんが、従業員代表に意見書へ署名押印をもらったり、各従業員に個別に就業規則が適切に周知されていることの同意書をもらうなど、就業規則の有効性を担保しておく必要があります。義務はなくても届け出をしておくのも良いでしょう。

解雇の手続き

解雇は適正な手続きの下で行わなければなりません。原則として従業員を解雇する場合には、少なくとも30日前にその予告をするか、もしくは30日前に予告できないのであれば、使用者は不足する予告期間の日数分（15日前に予告した場合には残りの15日分）以上の平均賃金を労働者に支払わなければなりません。

解雇無効の影響

仮に解雇が無効であると裁判所の判断が下れば、その間の未払い賃金と遅延損害金の支払いが必要になります。使用者にとっては多大な金銭的損害に加え、企業イメージの低下、それに伴う求人難などマイナスの影響が出てきます。そのため、従業員に退職してもらう際には、感情的にならず、場合によっては第三者に間に入ってもらい、できるだけ納得して自主退職してもらえるよう対応しましょう。その際も、書面で記録を残すのは忘れないようにしてください。

（鵜川）

Q18 従業員からハラスメントの相談を受けました。どう対応すれば？

A 相談をくれた従業員の話をしっかりと聞いた上で、それが本当にハラスメントに当たるのか否かを判断し、適切に対応する必要があります。しかし、相談を受けた人がハラスメントの加害者・被害者とされる従業員双方と面識がある場合には公平・公正な判断が困難であることや、相談する従業員も気を遣って言いたいことを全て言えないことが通常と思われます。そのため外部に相談窓口を設けるのも有効な手段になります。

解説 最近では多くのハラスメントの呼び名を耳にしますが、職場におけるハラスメントとは、客観的に見て業務上必要のない職場内外での「嫌がらせ、いじめ」をいいます。その種類はさまざまありますが、相手の尊厳を傷付ける、不利益を与える、または相手を不快にさせたり、脅威を与えたりする行為全般を指します。

代表的なものとしてはパワーハラスメント（パワハラ）とセクシャルハラスメント（セクハラ）が挙げられます。

パワハラとは

パワハラとは「同じ職場で働く者に対して、職務上の地位や人間関係などの職場内の優位性を背景に、業務の適正な範囲を超えて、精神的・身体的苦痛を与える、または職場環境を悪化させる行為」と定義されています。「優位性」には、業務上必要な知識や経験を有していることや、集団によるもの、精神的なものも含まれるため、同僚や部下であってもパワハラの加害者になり得ます。

次に、「業務の適正な範囲を超えて」いるかがパワハラに該当するか否かの判断材料になりますが、業務上の指導との線引きが非常に難しいところです。例えば職務内容が危険を伴う業務であるか通常のオフィスワークであるか、また注意の対象となる労働者が新人かベテランかなど、業種、業態、職務、当該事案に至る経緯や状況などによって、業務上の指導や注意が業務の適正な範囲に含まれるかどうかの判断が変わることが考えられます。いずれにしてもパワハラに当てはまる主な例として、次のような行為が挙げられています。

- 業務上明らかに必要性のない行為
- 業務の目的を大きく逸脱した行為
- 業務を遂行するための手段として不適当な行為
- 当該行為の回数、行為者の数など、その態様や手段が社会通念に照らして許容

される範囲を超える行為

また最近では、取引先や客からの苦情や過剰な要求などがパワハラに当たるか否かも問題となっています。しかし、これらは事業所内でのハラスメントとは性質を異にし、職務の内容に常識の範囲内で一定程度のパワハラ的行為は内包されていると捉えることも可能です。それ故、明確な線引きは困難ですが、許容範囲を超えた苦情や過剰な要求に対しては、一従業員に対応を任せ切りするのではなく、状況に応じて所属長や使用者が矢面に立ち、解決に向けた対応と事前防止策を講じる必要があります。

セクハラとは

セクハラとは「職場において、労働者の意に反する性的な言動が行われ、それを拒否するなどの対応により解雇、降格、減給などの不利益を受けること」または「性的な言動が行われることで職場の環境が不快なものとなったため、労働者の能力の発揮に悪影響が生じること」をいいます。

その言動が同性に対するものや、直接的には他の従業員に向けられたものであったとしても、状況によってはセクハラと判断されることがあります。そしてセクハラに関しては法律上、相談窓口の設置が事業所に義務付けられています。

事前対応

ハラスメントへの事前対応策としては、以下が挙げられます。

①相談窓口の設置（従業員からの各種ハラスメントに関する相談への対応のため、事業所内外に相談窓口を設置）

②相談窓口担当者による適切な相談対応の確保

③就業規則の服務規律や懲戒規定などを通じたハラスメントに関する注意喚起

④労使による事例研究会

⑤専門家による担当者への人材養成研修の実施、セミナーへの参加

⑥コミュニケーション活性化やその円滑化のための事業所内研修の実施

事後対応

事後対応策としては、以下のものが挙げられます。

①事実関係の迅速・正確な確認

②被害者や協力者のプライバシー保護と不利益になる取り扱いの禁止

③被害者に配慮した適正な対応（配置転換や行為者からの謝罪、メンタルケアなど）

④行為者に対する適正な対応（必要な処分や配置転換、意識や行動の改善に対する措置など）

⑤再発防止に向けた対応（前記事前対応策の再徹底や見直しを含む）

ハラスメントは、その行為類型が明確ではなく、個々人の受け取り方や意識、関係性や業務の性質などによって結論を異にするため、判断が非常に難しいものとなっています。

事業所内での最も重要な取り組みは、風通しの良い風土を築き、言いたいことを何でも言い合える環境と、それを受け止めて対応できる人材の育成であると考えます。

（鵜川）

Q19 従業員から「会社のせいでうつ病になった」と言われたのですが…

A まずは事実関係の確認。場合によっては休職させる措置も必要でしょう。うつ病発症の原因が実際に職場にあるのであれば、その原因をできるだけ取り除くためにさまざまな改善をしていく必要があります。

解説 従業員からいきなり「うつ病になった。会社のせいだ！」などと言われたら戸惑ってしまいます。その場合、まずは何よりも事実確認が必要です。

まずはうつ病の事実確認

まず、その従業員が本当にうつ病なのかを確認します。本人がうつ病と言っているだけのケースもあるからです。そのためには、①本人と１対１で話をする②同僚など周囲に「ふさぎ込んでいた」「元気がない」などの様子がなかったか聞いてみる③診断書を出してもらい、本人の許可を取って主治医と話す④雇い主側が指定した専門医と面談してもらう（セカンドオピニオン）―といった方法が考えられます。

いずれも本人のプライバシーに触れる恐れがあり、繊細で難しい問題です。専門医の手配など時間や手間はかかりますが、事実確認にはとても重要なプロセスです。

事実確認ができたら、一定期間の休職を命じて仕事を休ませ、治療に専念させることも有効でしょう。休養を取り仕事のストレスから解放され、医師に処方された薬を飲めば回復する可能性も考えられます。

法人などの健康保険が適用されている被保険者であれば、通院や治療で仕事を休み、その間の給料が支払われなければ、傷病手当金の対象になることがあります。給与の３分の２程度が健保協会から支払われるので、条件に当てはまればかなり使える制度です。本来は自分で申請するものですが、会社が代わりに手続きしても構いません。本人が言い出さなくても傷病手当金申請を提案してあげてはいかがでしょうか。

うつ病にならない職場環境づくり

原因がある程度見えたら、うつ病にならない職場づくりを考えていきましょう。よくある原因と対処法は以下の通りです。

■労働時間が長過ぎてつらい

どんな職場でも労働時間の徹底的な管理は絶対に必要です。仕事などで睡眠時間が削られ、常に睡眠不足の状態が続くと、徐々に思考回路が壊れて正常な判断ができなくなります。肉体労働が伴う農業の場合、体の疲れと心の疲れが重なって精神障害を引き起こす恐れが増します。雇う側は、従業員の労働時間をきちんと把握し、あまりにも長い時間労働をさせない、休憩を適宜取らせる、きちんと睡眠を取ってもらうなど気を配る必要があります。

■仕事が合わなくてつらい

割り振られた仕事が自分に合わず、精神的に追い込まれてしまう人もいます。この場合は、どんな部分が合わないのか聞き出し、例えば作業を他の従業員と分担する、他の作業を受け持ってもらう、などの対応が考えられます。元気に回復し元の作業ができるようになるまでは、軽めの作業をしてもらうのも有効かもしれません。

■人間関係がうまくいかずつらい

人間関係がメンタルに与える影響は大きく、特に職場のように１日何時間も同じ人と一緒にいるような場所ではなおさらです。いつも上司や先輩に怒られてばかりでは気がめいります。他の人に無視されたり仲間外れにされる、人前でからかわれたり恥をかかされる、そこまでいかなくても内気で周りになじめない、といった状況だと気持ちが落ち込み仕事に行きたくなくなります。また、みんな怖くて何も言えないような高圧的な人がいて、常に職場がギスギスした雰囲気の場合も同じです。

もしうつ病の原因がこれらの人間関係であれば、雇う側はその原因を取り除き、誰もが安心して穏やかな気持ちで働ける環境を整えなければなりません。ハラスメント（Q18参照）まがいの態度を取る人がいれば、注意してそれをやめさせる必要があります。高圧的な人がいるなら、粘り強く当人との話し合いを重ね、他の従業員との関わり方を変えさせる努力をすべきでしょう。時には飲み会やバーベキュー、スポーツイベントなど従業員間でコミュニケーションを深められる機会をつくるのも有効かもしれません。何よりいけないのは、雰囲気が悪いと分かっていて、その人間関係を放置することです。

安全配慮義務

雇い主には労働契約上の「安全衛生配慮義務」があります。従業員を雇ってその労働力で利益を生み出すのであれば、働いてくれる人の安全と健康を守る気遣いをしなさいということです。この義務を怠り、仕事が原因で従業員が病気やけがをしたら、損害賠償請求をされることもあり得ます。

農業でも従業員を雇う限り安全衛生配慮義務からは逃れられません。もしも職場が原因で従業員がうつ病になったとしたら、雇い主は何とか解決する道を探り、実践していかなければなりません。それが人を雇って事業を営む者の使命です。きちんとした初動対応がとても大切です。　**（日野）**

うつは心の風邪

よく「うつは心の風邪」といわれます。厚生労働省のメンタルヘルス総合サイトによると、日本では過去12カ月にうつ病を経験した人の割合は１～２％、これまでにうつ病を経験した人の割合は３～７％です。誰でもかかる可能性のある、身近な病気の一つといえます。

筆者の身内にも農場で働いていてうつ病になった人がいます。退職して治療に専念しましたが、治療は長引き、本人も家族もとてもつらい思いをしました。ですが退職時には農場の経営者にとても温情のある措置を取っていただき、家族は今でも感謝しています。うつ病になったのは仕方のないことかもしれないけれど、その後の対応で雇い主への見方も変わるのもまた事実なのです。

Q20 「働き方改革」は農業にも関係ありますか？

A 「働き手の確保」「農業を魅力ある職場に」などの観点から、農業でも「働き方改革」の重要性が認識されてきています。農林水産省も昨年、農業の働き方改革についてガイドラインをまとめ、公表しました。

解説 「農業に労働基準法は関係ない」と考える農業者も多いのではないでしょうか。確かに農業は天気など自然条件に大きく左右されるため、労働基準法の一部（労働時間、休憩、休日に関する規定）が適用されていません（Q11参照）。

しかし人手不足の昨今、農業の分野でも人材確保のために労働時間、休憩、休日、休暇といった基本的な労働条件を整えることは不可欠になってきています。やっと採用できた新人が「労働時間や拘束時間が長い」「休みもろくに取れない」「働きやすい職場じゃない。これではやっていけない」と辞めてしまったら、経営者にとっては大きな痛手。機械化が進んでも農業には人の力（ヒューマンパワー）が必要です。そのため農業経営者にもきちんとした労務管理の意識が求められます。

農水省ガイドラインの提案

2017年12月、農林水産省は「第１回 農業の『働き方改革』検討会」を開きました。ここでの議論を踏まえてまとめられ、18年３月に発表されたのが「農業の『働き方改革』経営者向けガイド※」です。

このガイドラインの冒頭には、なぜ農業に働き方改革が必要なのか、そもそも働き方改革とは何なのかが簡潔に、かつ力強い言葉でまとめられ、①ただでさえ人手不足の日本で、農業で働いてくれる人を引き付けるためには、若い人のニーズに合わせた働き方を導入する必要がある②農業をやっていくためには、他の産業との人材の奪い合いに勝たなければならない。農業経営者も「働き手から選ばれる経営体」になることを意識する必要がある③「働き方改革」とは、生産性の高さと人に優しい職場環境づくりの両立を意識し、取り組んでいくことである―と呼び掛けています。

若者は労働時間に高い関心

これからの農業を担っていく若い世代は、労働時間の長さを含む職場環境や「ブラック企業」という言葉に敏感です。SNSなどで他人がどんな働き方をしているかある程度分かってしまい、他人と自分を比べることが以前より容易になっていることも関係しています。

㈱リクルートキャリアが毎年発表している「就職白書」によると、就職活動をした学生が「企業を選ぶときに最も重視した条件」に「勤務時間・休暇」を挙げた割合は2017年に7.4％、18年に7.8％、19年に8.5％と年々上昇。「休める職場か」「残業がなく働きやすいか」への学生の関心の高さがうかがえます。若い人を農業に引き付け「選ばれる職場」となるには、働き方改革はまさに待ったなしなのです。

労働時間だけではない

政府がまとめた「働き方改革」の三本柱は、年次有給休暇の取得義務付け、残業時間の上限設定など、主に労働時間の削減に重きを置いています。ですが、農業の働き方改革は労働時間を短くするだけではなく、より働きやすい職場にするための環境整備も含んでいるのが特徴です。

・職場の整理整頓を心掛け、従業員が快適で気持ち良く働ける環境をつくる
・用具や備品の配置を工夫し、作業動線から無駄を省く
・トイレや更衣室、ロッカーを新しくする
・作業の工程やこつをマニュアル化し、誰かが休んでも他の人がカバーできる体制をつくる
・コミュニケーションを重視し、フラットで風通しのいい組織をつくる

これらは大がかりなものではなく、身近なところから始めてコツコツ継続できるものばかり。その目的はもちろん「働きやすくやりがいのある職場をつくること」です。

変わりつつある農業法人

18年7月13日付の日本経済新聞には「農業にも働き方改革の波　若手確保へ18時退勤」という見出しのコラムが掲載されています。農業に携わる人がどんどん減っていく現実の中で、農業法人の数は増えており、人材の奪い合いになっています。そのため農業が働きたい職業として選ばれるためには、労働時間などを含む労働環境を整備することが必要という趣旨です。コラムには、現場での道具管理を徹底して無駄を省き、労働時間の削減で人材定着に成功した農業法人の経営者や、ハウスの管理をIT化して週休2日制を実現させた経営者などが登場しています。農業でも、やり方次第で働き方改革は可能なのです。

自分が使われる立場なら？

「働き方改革」にとっつきにくい印象を持つ人は多いかもしれません。しかし基本はシンプルです。「自分が使われる立場だったら、どんな職場が働きやすいか」「辞めたくない、やりがいを持ってずっと働きたいと思えるのはどんな職場か」と考えれば、答えはおのずと出てきます。それは残業がやたら長かったり、体力的にものすごくきつくて毎日ヘトヘトになったり、一歩間違えばけがをしそうだったり、人間関係がギスギスしている職場ではないはずです。

働き手が働きやすい職場にするため、しっかり体を休めてリフレッシュした気持ちで気持ち良く働いてもらうため、休みを増やし労働時間を減らしたり、作業場などの環境を整える—農業の分野でもこれが大切になってきています。「ワーク・ライフ・バランス」を心掛け、仕事も真剣に、そして休むときはしっかり休んで遊びも徹底的にできる、そんな充実した生活を送る農業人でありたいものです。　（日野）

※https://be-farmer.jp/hatarakikata/files/180330guide.pdf

Q21 年次有給休暇と年５日の取得義務化について教えてください。

A 年次有給休暇は従業員が希望する日・期間に取得できる休暇です。また2019年４月から、使用者には従業員に毎年５日以上取得させることが義務付けられました。なお農業であっても年次有給休暇は労働基準法の適用除外にはなりません。

解説 年次有給休暇とは、一定期間勤続した従業員に対して、心身の疲労を回復し、ゆとりある生活を保障するために付与される休暇のことです。「有給」すなわち取得しても賃金が減額されない休暇です。また2019年４月から使用者は、法定の年次有給休暇付与日数が10日以上の全ての従業員に対し、毎年５日の年次有給休暇を確実に取得させる必要があります。

法で定められた従業員の権利

年次有給休暇は法律で定められた従業員に与えられた権利です。業種、業態に関わらず、また正社員、パートタイム従業員などの区分に関係なく、一定の要件を満たした全ての従業員に対し、最低10日間の年次有給休暇を与えなければなりません。

■付与される要件

次の①、②を満たした従業員には年次有給休暇を取得する権利が発生します。

①雇い入れの日から６カ月経過（雇い入れの日から６カ月経過した日を「基準日」という）

②その期間の全労働日の８割以上出勤

最初に年次有給休暇が付与された日（基準日）から１年を経過した日ごとに、一定日数を加算した有給休暇が付与されます。なお「全労働日」とは総歴日数から、就業規則その他によって定められた所定休日を除いた所定労働日を指します。従って休日労働をした日は全労働日に含まれません。

■付与日数

年次有給休暇の付与日数は次ページ**表**の通り算定されます。

■取得時季

年次有給休暇は原則として「従業員が請求する時季（希望する日・期間）」に与えなければなりません。ただし、請求された時季に与えることが事業の正常な運営を妨げると具体的・客観的に判断される場合は、例外的に使用者は時季を変更することができます（時季変更権）。この場合、事業の正常な運営を妨げる事由の消滅後、速やかに休暇を与えることが必要です。

なお時季変更権の行使が認められる場合として、同じ日に多くの従業員が同時に休暇指定し代替要員の確保が困難な場合などが考えられます。単に「業務多忙だから」

だけで時季変更権は認められません。

■翌年度への繰り越し

年次有給休暇の請求権の時効は２年であり、未使用の年次有給休暇は翌年度に限り繰り越すことができます。

■取得時の賃金

年次有給休暇を取得した日・期間については、就業規則などの定めにより、「平均賃金」「通常の賃金」または労使協定に基づく「健康保険法上の標準報酬日額相当額」を支払う必要があります。

表　年次有給休暇の付与日数

・一般の従業員の場合（週の所定労働時間が30時間以上の従業員）

継続勤続年数	0.5	1.5	2.5	3.5	4.5	5.5	6.5以上
付与日数	10	11	12	14	16	18	20

・パートタイム従業員など（週の所定労働時間が30時間未満の従業員）

①週の所定労働日数が４日または１年間の所定日数が169日から216日

継続勤続年数	0.5	1.5	2.5	3.5	4.5	5.5	6.5以上
付与日数	7	8	9	10	12	13	15

②週の所定労働日数が３日または１年間の所定日数が121日から168日

継続勤続年数	0.5	1.5	2.5	3.5	4.5	5.5	6.5以上
付与日数	5	6	6	8	9	10	11

③週の所定労働日数が２日または１年間の所定日数が73日から120日

継続勤続年数	0.5	1.5	2.5	3.5	4.5	5.5	6.5以上
付与日数	3	4	4	5	6	6	7

④週の所定労働日数が１日または１年間の所定日数が48日から72日

継続勤続年数	0.5	1.5	2.5	3.5	4.5	5.5	6.5以上
付与日数	1	2	2	2	3	3	3

年５日の取得義務化とは

働き方改革の一環で労働基準法が改正され、19年４月から従業員に年５日以上の年次有給休暇を取得させることが義務付けられました。ポイントは次の通りです。

■５日取得義務の対象者

年次有給休暇が10日以上付与される従業員です。対象従業員には管理監督者や有期雇用従業員も含まれます。

■取得させる方法

従業員ごと年次有給休暇を付与した日（基準日）から１年以内の５日について、使用者は「労働者自らの請求・取得」「計画年休」「使用者による時季指定」のいずれかの方法で年次有給休暇を取得させる必要があります。

■使用者による時季指定

使用者は従業員の意見を聴取した上で、年５日までは時季を指定して取得させる必要があります。また、従業員から聴取した意見を尊重するよう努めなければなりません。ただし、従業員が自ら請求・取得した年次有給休暇の日数や、労使協定で計画的に取得日を定める「計画的付与制度[※1]」によって与えた年次有給休暇の日数については、時季指定義務が課される年５日から控除する必要があります。つまり、従業員が自らの請求により５日取得した場合は、使用者が時季指定をする必要はありません。

■年次有給休暇管理簿の作成

使用者は、従業員ごとに年次有給休暇管理簿を作成し、３年間保存しなければなりません。

年次有給休暇の年５日の取得義務化については厚生労働省のパンフレット「年５日の年次有給休暇の確実な取得　わかりやすい解説[※2]」も参照ください。　**（木村）**

※１　年次有給休暇の付与日数のうち、５日を除いた残りの日数については、従業員の過半数で組織する労働組合、または当該労働組合がない場合は従業員の過半数を代表する者と労使協定を締結することで、計画的に年次有給休暇を与えることができる制度

※２　https://www.mhlw.go.jp/content/000463186.pdf

Welcome to MaY MARCHE
マーカス・ボスの北海道野菜

著者　Markus Bos

マーカス・ボス氏は、欧州各地のレストランで修業を重ね来日、人気の野菜マーケット「メイマルシェ」を主宰する傍ら、北海道を拠点に料理教室やメディアを通じ北海道のおいしい素材へのこだわりと、持ち味を引き出す料理の楽しさを、独自のスタイルで伝えています。本書は、加熱調理用トマトやフェンネルなど、洋野菜のレシピ37点を紹介。マルシェに並ぶ野菜の写真も美しく、料理をつくり味わう喜びはもちろん、ページをめくり、眺めるだけでも癒される「野菜の力」を感じる１冊です。

Ａ４変型判　92頁　オールカラー
定価 本体価格1,600円＋税 送料300円

からだにいい新顔野菜の料理
北海道の野菜ソムリエたちが提案

監修　安達英人・東海林明子

新顔野菜の伝道師・安達英人さんが、21種類の新顔野菜をわかりやすく解説。その特徴を存分に生かした食べ方を北海道の野菜ソムリエ14人が提案、選りすぐりの84品を、料理研究家・東海林明子さんが料理する。

料理することが楽しくなるヒントやアドバイスがいっぱい。今、全国でも注目の新顔野菜の魅力が満載です。

235㎜×185㎜　128頁
定価 本体価格1,300円＋税
オールカラー　送料300円

―レシピ提案ソムリエ―

伊東木実さん、大澄かほるさん、大宮あゆみさん、小川由美さん、吉川雅子さん、佐藤麻美さん、辻綾子さん、土上明子さん、長谷部直美さん、萬谷利久子さん、松本千里さん、萬年暁子さん、室田智美さん、若林富士女さん

株式会社 北海道協同組合通信社
デーリィマン社　管理部
☎ 011(209)1003
FAX 011(271)5515
※ホームページからも雑誌・書籍の注文が可能です。http://dairyman.aispr.jp/
e-mail kanri@dairyman.co.jp

Q22

労働保険・社会保険とは何ですか。加入要件を教えてください。

A 日本の社会保障制度の一環として行われている公的保険制度のことです。法の下に、一定の条件に該当すれば、その加入が義務付けられています。

解説 公的保険である労働保険と社会保険の管轄は厚生労働省が担います。労働保険とは労働者災害補償保険（労災保険）と雇用保険のことをいい、社会保険は健康保険、厚生年金保険、国民健康保険、国民年金などのことをいいます（**図1**）。

通常、4種類の公的保険に加入

通常、民間会社などの法人が従業員を雇った場合に加入しなければならない労働・社会保険は「労災保険」「雇用保険」「健康保険」「厚生年金保険」の4種類の公的保険です。

農業の場合、法人の事業と個人経営の事業で違いがあります。法人事業であれば4種類の公的保険は強制加入となりますが、個人経営の事業の場合は常時労働者が5人未満の場合には、労働保険（労災保険・雇用保険）は任意加入となっており、社会保険（健康保険・厚生年金保険）は従業員の数に関わらず任意加入となります（**表**）。

■労災保険とは

図1　日本の社会保障制度

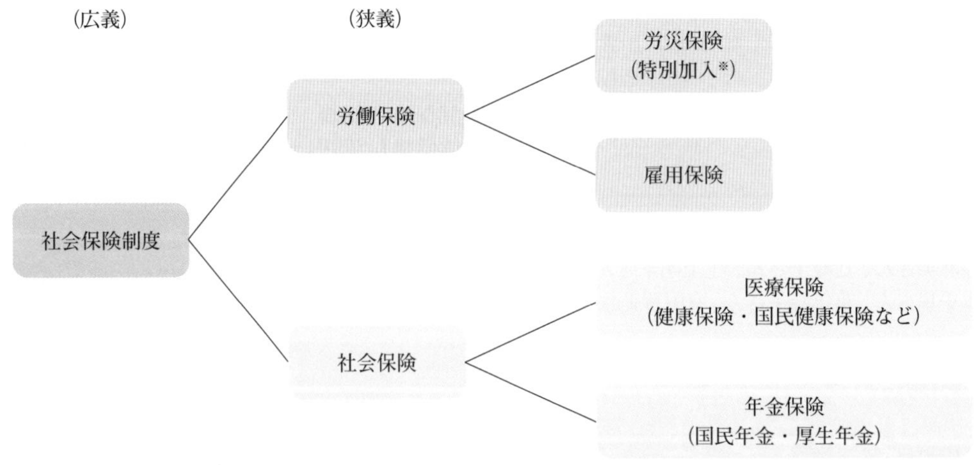

※労災保険は労働者保護の保険のため、代表者、役員、事業主、同居の親族には適用とならず、特別加入する必要がある

労働基準法は、従業員が労働災害を被った場合、事業主が補償することを義務付けています。その補償給付を確実に行うため、労災保険に強制加入させています。

労災保険は、従業員の業務上および通勤途上の負傷、疾病、障害、死亡などに対して必要な保険給付を行うことを主な目的としています。なお、通勤途上の災害は労働基準法の労働災害ではありませんが、通勤災害として労災保険の給付の対象となっています。

■雇用保険とは

従業員が失業した場合に必要な給付を行うことを主な目的としています。農業では、個人経営で従業員が５人未満の事業所は暫定任意適用事業といい、加入は任意となっていますが、従業員の２分の１以上が希望する場合、事業主は任意加入の手続きをしなければなりません（**表**）。

■健康保険とは

従業員とその扶養する家族が病気やけがをした場合の医療の給付や、従業員が病気やけがで休業したときの所得の補償、出産や死亡したときの費用の軽減などを主な目的としています。

就業中や通勤途上の災害などによるけがや病気は、労災保険から給付されるので対象になりません。

■厚生年金保険とは

従業員の生活の安定と福祉の向上を図るため、老齢、障害などについて保険給付を行うことを主な目的としています。労働者が老齢などの受給要件を満たした場合や、病気やけがにより障害が残ったり死亡した場合などに本人や残された家族に年金や一時金を支給します。

社会保険の加入要件

■労災保険

正社員、パート、アルバイトなど雇用形態のいかんを問わず、全ての労働者が加入の対象です。原則として従業員を１人でも雇用する事業所は業種、規模に関わらず必ず加入します。なお、労災保険料は全て会社負担なので、給与からの控除はありません。

■雇用保険（一般の被保険者）

次の要件を満たす全ての従業員（パート、アルバイト含む）の加入が必要です。

表　労働保険と社会保険の加入要件

事業形態	経営者・労働者	労災保険	雇用保険	健康保険	厚生年金
個人事業所	事業主	特別加入	加入不可	国　保	国民年金
	家族従事者※（同居の親族）	特別加入	加入不可	国　保	国民年金
	労働者（５人未満）	任意加入	任意加入	任意加入	任意加入
	労働者（５人以上）	強制加入	強制加入	任意加入	任意加入
法人事業所	代表者・役員	特別加入	加入不可	強制加入	強制加入
	労働者	強制加入	強制加入	強制加入	強制加入

※業務を行う際に、事業主の指揮命令に従っていることが明確であり、就労形態が当該農場の他の従業員と同様であれば、家族従事者であっても、従業員としてみなされる場合がある

①１週間の所定労働時間が20時間以上であること

②31日以上、雇用される見込みがあること

ただし原則、昼間学生は雇用保険の被保険者とはなれません。65歳以降に採用された者も雇用保険の被保険者となります。

■社会保険

健康保険・厚生年金保険の場合（市町村国保、国民年金を除く）、以下の通りです。

【正社員など】適用事業所に常時使用される70歳未満の従業員（健保は75歳未満）は国籍や性別、年金の受給の有無に関わらず被保険者となります（試用期間中でも報酬が支払われる場合は、被保険者となります）。

【パートタイマーなど】次の①と②の両方を満たした場合は被保険者となります。

①「１週間の所定労働時間」が通常の従業員の４分の３以上であること

②「１カ月の所定労働日数」が通常の従業員の４分の３以上であること

農業者年金などは任意加入

日本の公的年金は、日本に住んでいる20歳以上60歳未満の全ての人が加入する「国民年金（基礎年金）」と、会社などに勤務している人が加入する「厚生年金」の２階建てになっています（**図２**）。

個人経営の農業従事者の２階建て部分として、「農業者年金」または「国民年金基金」が用意されており、任意でいずれかの一方に加入することができます。詳しくは、JA、農業委員会または国民年金基金連合会へお問い合わせください（全国農業みどり国民年金基金は、2019年４月に国民年金基金連合会に統合されました）。　**（外崎）**

図２　日本の公的年金の仕組み

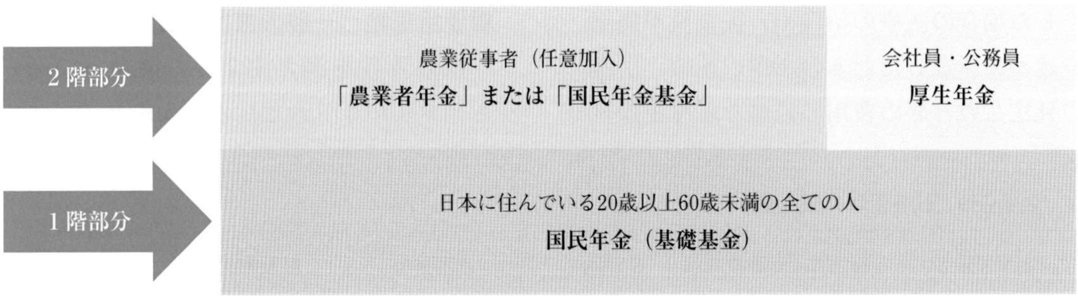

２階部分	農業従事者（任意加入） **「農業者年金」または「国民年金基金」**	会社員・公務員 **厚生年金**
１階部分	日本に住んでいる20歳以上60歳未満の全ての人 **国民年金（基礎基金）**	

Q23 労働保険・社会保険に加入しなければ問題や罰則はありますか？

A 企業の社会的責任が問われ、法的な罰則があります。

解説 加入していない（未加入）と一口に言っても、労働保険か社会保険で違いがあります。雇用保険・健康保険・厚生年金保険では「事業所」そのものの加入の有無、また加入している事業所でも加入すべき「人」を加入させているか、いないかで違いがあります。

強制適用か任意適用かに関わらず従業員を公的保険に加入させる場合、事業そのものを保険に加入する事業所として所轄窓口に届け出する必要があります。届け出済みの事業所を「適用事業所」といいます。

追加徴収や懲役、罰金も

【労災保険】本来、会社が労働者を雇い入れてから10日以内に労働基準監督署に届け出て、会社としての加入手続きをしなければなりません。会社が加入手続きをしていない状態で労働者が傷病を負った場合、故意または過失による未加入と判断され保険料（遡及(そきゅう)２年）や給付金（一部または全額を会社側が負担）を追加徴収されることがあります。

【雇用保険】一定数以上の従業員を雇用する会社は、被保険者資格を有する労働者を雇用保険に加入させる義務があります。仮に、会社がこの義務に違反した場合、懲役６カ月以下もしくは罰金30万円が科せられるとの定めが雇用保険法にあります。

【社会保険】一定の条件（Q22参照）に該当する会社は、労働者を社会保険（健康保険・厚生年金保険）に加入させる義務があります。仮に、会社がこの義務に違反した場合、懲役６カ月以下もしくは罰金50万円が科せられるとの定めが健康保険法にあります。社会保険への未加入が発覚してしまった場合、最大で過去２年にさかのぼり、加入しなければなりません。

社会的信用失い、人材採用も困難に

社会保険の未加入が発覚した場合、刑罰が科される、保険料を遡及的に徴収されるリスクの他、社会的な信用も大きく失います。社会的信用がなくなれば、金融機関や官公庁、取引先などとの取引だけではなく、人材採用も難しくなるでしょう。

労働者も社会保険制度に適法に加入していない事業所には就職したくないと思うのが普通で、「働きづらい」というイメージも抱くかもしれません。人材を確保できないことは、農場にとっても大きなリスクです。

（外崎）

Q24 労働保険・社会保険の保険料はどのように決まるのですか？

A 労災保険は、保険料の全額を事業主が負担します。一方、雇用保険・健康保険（介護保険）、厚生年金保険は労使で負担します。保険料は保険料率を報酬や給与などに乗じて算出します。

解説 労働保険料は全ての労働者の（1年間の）賃金総額×一般保険料率で算出します。健康保険（介護保険）・厚生年金保険では、被保険者が事業主から受ける毎月の給料などの報酬の月額を区切りのよい幅で区分した標準報酬月額を設定し、これに保険料率を乗じて求めます。

労働保険料は「賃金総額×保険料率」

労働保険料は、労働者に支払う賃金総額に保険料率（労災保険率＋雇用保険率）を乗じて得た額です。そのうち労災保険分は全額事業主負担、雇用保険分は事業主と労働者双方で負担することになっています。労働保険料は年度更新と言って、原則として年に1度（毎年6月1日～7月10日の間に）、前年度分をまとめて申告・確定納付、当年度分を概算納付します。

◎労災保険…全額事業主負担

⇒労災保険率表（農業は13/1,000）

◎雇用保険…事業主と労働者双方で負担（**表1**）

社会保険料は保険料額表に基づき

厚生年金保険、健康保険と介護保険（協会けんぽの場合[※1]）の保険料は、被保険者が事業主から受ける報酬の平均額を幾つかの等級に区分した仮の報酬（標準報酬月額[※2]）に当てはめ、これに保険料率（**表2**）を乗じて計算し、給与から控除します。なお日本年金機構、協会けんぽから等級区分ごとに保険料を算出した「保険料額表[※3]」が公表されているので、毎月の給与計算の際は、それを活用すると良いでしょう。

賞与などについては、標準賞与額（賞与額から1,000円未満の端数を切り捨てた金

表1　雇用保険率表　（2019年4月1日改正）

事業の種類	保険率	事業主負担率	被保険者負担率
農業の事業	11/1,000	7/1,000	4/1,000

表2　社会保険料率（2019年3月分〈4月納付分〉から）

健康保険料率（北海道）	介護保険料率	厚生年金保険料率
10.31%	1.73%	18.30%

額）に保険料率を掛けて保険料を計算し、賞与などから控除します。

■標準報酬決定・改定時期は４種類

標準報酬月額決定や改定のタイミングには、「資格取得時の決定」「定時決定」「随時改定」「育児休業等終了時改定」の４種類があります。

①資格取得時の決定

新規に被保険者の資格を取得した人の１カ月の報酬見込み額を算出して、標準報酬月額の等級区分に当てはめて決定

②定時決定

７月１日現在の被保険者について、４、５、６月に支払われた報酬の平均額を標準報酬月額の等級区分に当てはめて、給与額に大きな変動がなければ、その年の９月から翌年の８月までの標準報酬月額を決定

③随時改定

昇給や給与体系の変更などで、固定的賃金が変動し、変動月以後継続した３カ月の間に支払われた報酬の平均月額を標準報酬月額等級区分に当てはめ、現在の標準報酬月額との間に２等級以上の差が生じたときに改定

④育児休業等終了時改定

育児休業などを終了した後、育児などを理由に報酬が低下した場合に固定的賃金が変動していなくても、現在の標準報酬月額と１等級以上の差が生じた場合に改定

加入年齢と保険料の徴収納付

健康保険は75歳まで、介護保険は40歳から65歳まで、厚生年金は70歳までの加入となっており、保険料を徴収納付する必要があります。雇用保険料は2020年４月から（20年３月までは65歳以上の保険料免除）年齢にかかわらず徴収納付の必要があります。（外崎）

※１　健康保険料率、介護保険料率は、毎年３月分（４月納付分）から変更となります

※２　標準報酬月額の下限と上限は、健康保険では５万円（１等級）から139万円（50等級）、厚生年金保険では９万8,000円（１等級）から62万円（31等級）。標準賞与額の上限は、健康保険では年間573万円（毎年４月１日～翌年３月31日までの累計額）、厚生年金保険では月間150万円

※３　https://www.kyoukaikenpo.or.jp/~/media/Files/shared/hokenryouritu/h31/ippan4gatsu_2/h31040201hokkaidou.pdf

Q25

雇用保険の「短期雇用特例被保険者」とは？

A 季節的に雇用される、または短期の雇用に就くことを常態（季節的に入離職を繰り返す者）とする被保険者です。離職の際は通常の失業給付（基本手当）ではなく特例一時金が支給されます。

解説 雇用の形態は職種や業態によってさまざまです。1年を通して平均して仕事がある会社と雇用契約を結び勤めるのが一般的ですが、一定の期間のみ仕事があってその都度、雇用をする形態の会社も少なくありません。雇用保険では、このような就職と離職をある期間で繰り返す被保険者に対して、一時金を支給する制度を設けています。

季節雇用者などが対象

被保険者であって、季節的に雇用される者のうち次のいずれにも該当しない者（日雇労働被保険者を除く）が対象です。

①4カ月以内の期間を定めて雇用される者
②1週間の所定労働時間が20時間以上であって厚生労働大臣の定める時間数（30時間）未満である者

なお、同一の事業主に引き続き1年以上雇用された場合は、1年以上雇用されるに至った日以降は一般被保険者または高年齢被保険者となります。また、同一事業所に継続して1年未満の期間で雇用され、極めて短期間で入離職を繰り返し、その都度、特例一時金を受給していると認められる人については、原則として一般被保険者として取り扱うこととなります。

失業時に特例一時金

雇用保険に加入する季節労働者（短期雇用特例被保険者）に対して基本手当の代わりに支給される失業給付が特例一時金です。

特例一時金の支給を受けるには、次の要件を全て満たしていなければなりません。

①離職の日以前1年間に被保険者期間が通算して6カ月以上あること（被保険者期間は1暦月中に賃金支払いの基礎となった日が11日以上ある月を1カ月として計算する）
②失業の状態にあること（失業とは、積極的に就職しようとする意思と、健康上および環境上いつでも就職できる能力がありながら職業に就くことができず、現在仕事を探している状態にあること）

特例一時金の支給は、失業認定を行った日に行われます。額は、特例受給資格者を一般被保険者とみなして計算した基本手当の日額の30日分とされています（ただし、当分の間は暫定措置で40日分となる）。受給期限は離職の日の翌日から起算して6カ月後の日となっています。 **（外崎）**

社会保険料の負担が重いため、給与の一部を外注費として支給していますが…

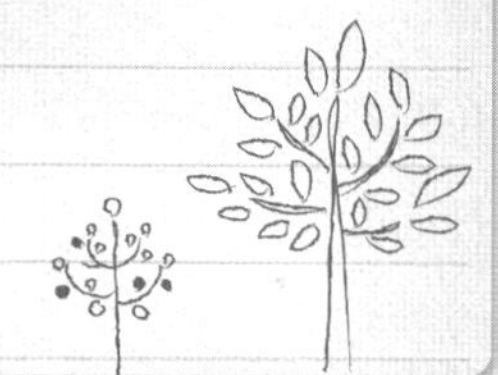

A 社会保険料の負担軽減のためだけに、給与の全額または一部を外注費として支給することは違法行為です。コンプライアンスに欠け、不適切です。

解説 雇用契約であれば対価として支払う金額は給与となり、当然、社会保険にも加入しなければなりません。質問にあるように、そもそも給与として支払いをしている対価の一部を外注費として支給するのは、適切ではありません。

それでは、「給与と外注費」「雇用契約と請負契約」とはどのように理解をしておけばよいのでしょうか。以下にその説明をします。

雇用は「給与」、請負は「外注費」

給与とは、雇用契約もしくはこれに準じる契約に基づいて受ける役務の提供の対価です。一方、外注費とは、会社の業務の一部を委託する業務委託契約書や請負契約もしくはこれに準じる契約に基づき、外注先の企業や個人事業主が実現した業務への対価です。

雇用契約と請負契約

請負契約とは、民法で当事者の一方（請負者）がある仕事を完成し、相手方（注文者）がその仕事結果に対して報酬を支払うことを内容とする契約をいいます。雇用契約とは、民法で当事者の一方が相手方に対して労働に従事することを約し、相手方がこれに対してその報酬を与えることを約することを内容とする契約をいいます。

この契約形態により請負契約であれば外注費、雇用契約であれば給与という経理処理が行われることなります。

国税庁の通達を基に判断

では、外注費か給与かはどのように判断されるのでしょうか。国税庁では、外注費の「業務実態」の判断基準として、2009年12月17日付「大工、左官、とび職等の受ける報酬に係る所得税の取扱いについて（法令解釈通達）」を公開しています。内容は、次のようになっています。

【大工、左官、とび職等の受ける報酬に係る所得区分】

事業所得とは、自己の計算において独立して行われる事業から生じる所得をいい、例えば、請負契約またはこれに準じる契約に基づく業務の遂行ないし役務の提供の対価は事業所得に該当する。また、雇用契約またはこれに準じる契約に基づく役務の提

表　労働者と請負者の違い

労働者＝雇用契約	請負者（一人親方・個人事業主）＝請負契約
雇用契約書が交付されている	請負契約書を交わしている
仕事は指示された場所で、指示された時間に、指示通りに行わなければならない	工法や作業手順は自分の判断で決定し、自分の意思で行うことができる
労働時間・時間外労働などの指示に従わなければならない	労働時間、残業、休憩、休日などは自分の判断で自由に調整できる
仕事の指示や依頼を拒否することができない	自分の判断で、他社や他の仕事をすることができる
労働時間や労働日数に基づき計算された賃金が支払われる（日給や月給など）	外注費（出来高払い）として仕事の完成で報酬が支払われる
仕事のミスや遅延は会社が処理（カバー）してくれる	仕事のミスや遅延は自分の責任で処理しなければならない
仕事に必要な工具などは、会社から貸与され、または会社の備品を使用している	仕事に必要な工具などは、自ら所有し、作業場に持ち込んで使用している
自分に代わって他の者が労務を提供することは許されない	自分の判断で補助者を雇い入れ、または使用することができる

供の対価は、事業所得に該当せず、給与所得に該当する。

従って、大工、左官、とび職などが建設、据え付け、組み立て、その他これらに類する作業において、業務を遂行し、または役務を提供したことの対価として支払いを受けた報酬に係る所得区分は、当該報酬が請負契約もしくはこれに準じる契約に基づく対価であるのか、または雇用契約もしくはこれに準じる契約に基づく対価であるのかにより判定するのであるから留意する。

この場合において、その区分が明らかでないときは、例えば、次の事項などを総合勘案して判定するものとする。

①他人が代替して業務を遂行すること、または役務を提供することが認められるかどうか

②報酬の支払者から作業時間を指定される、報酬が時間を単位として計算されるなど時間的な拘束（業務の性質上当然に存在する拘束を除く）を受けるかどうか

③作業の具体的な内容や方法について、報酬の支払者から指揮監督（業務の性質上当然に存在する指揮監督を除く）を受けるかどうか

④まだ引き渡しを了しない完成品が不可抗力のため滅失するなどした場合において、自らの権利として既に遂行した業務または提供した役務に係る報酬の支払いを請求できるかどうか

⑤材料または用具など（くぎ材などの軽微な材料や電動の手持ち工具程度の用具などを除く）を報酬の支払者から供与されているかどうか

（一部編集）

つまり、国税庁では大工、左官、とび職などの職種に限らず、請負契約か雇用契約かその区分が明らかでないときや疑義のあるとき、外注費となるか給与となるかを前記５つの項目を総合勘案して判定することになります。なお、請負契約による請負者と、雇用契約による労働者の主な違いは**表**のように整理できます。**（外崎）**

Q27 農家仲間と新たな農業法人をつくりたいのですが、社会保険・労働保険の扱いは？

A 農業法人の形態によって違います。会社法人であれば社会保険・労働保険は強制適用となりますが、農事組合法人であれば「従事分量配当」か「確定給与」かで取り扱いが異なります。また農業法人の前段階である集落営農（任意組織など）の場合でも違います。

解説 現在、各地で設立されている農業経営基盤強化促進法による特定農業法人は５年以内に法人化（農事組合法人、株式会社など）することになっています。任意組織が法人化した場合、労働・社会保険は法人として適用することになります。

農事組合法人なら配当と給与で違い

農事組合法人では、組合の事業を行った結果に対する剰余金を組合員が事業に従事した度合いに応じて配当する「従事分量配当」する場合と、組合員に「確定給与」を支給する場合があります。

従事分量配当は農事組合法人特有の制度で、給与所得とはされずに「事業所得」とされるため、労働・社会保険の適用については、**表１、２**の通り株式会社などの一般的な法人とは異なった扱いになります。

表１　農事組合法人の労働保険の適用

		労災保険		雇用保険	
		従事分量配当	給与	従事分量配当	給与
組合員	代表理事・理事	特別加入	特別加入	特別加入	特別加入
	組合員		強制適用		強制適用
従業員（非出資者）		強制適用		強制適用	

表２　農事組合法人の社会保険の適用

		健康保険		公的年金	
		従事分量配当	給与	従事分量配当	給与
組合員	代表理事・理事	国民健康保険	健康保険	国民年金 農業者年金（任意）	厚生年金保険
	組合員				
従業員（非出資者）		健康保険		厚生年金保険	

集落営農の構成員は「事業主」扱い

集落営農などの任意組織では各構成員が全額自己負担で社会保険（国民健康保険、国民年金）に加入していますが、法人化すれば、法人は事業主として社会保険（健康保険、厚生年金保険）、労働保険（労災保険、雇用保険）への加入が必要となります。

構成員と従業員の労働・社会保険の適用は以下の通りです。

【任意組織の構成員】個人事業の「事業主」として加入

【任意組織の構成員に雇用される従業員】個人事業の「従業員」として加入

【任意組織に雇用される従業員】個人事業の「従業員」として加入

詳しくはQ22の**表**の個人事業所の欄を参照してください。　**（外崎）**

Q28

健康診断は定期的に行わなければならないのですか？

A 労働者を使用する事業者全てに定期健康診断を行う義務があります。

解説 労働安全衛生法は「事業者は労働者に対し、厚生労働省令で定めるところにより、医師による健康診断を行わなければならない」と定めています。

従業員数など問わず原則年１回

これは従業員の数や経営の規模を問いません。50人以上の労働者を使用する事業者は定期健康診断結果報告書を所轄労働基準監督署長に提出しなければなりません。健康診断の回数は、原則として年１回ですが、深夜勤務などに常時従事する労働者を使用するときは、年２回となります。また個人ごとに健康診断個人票を作成し、これを５年間保存しなければなりません。

定期健康診断の項目は**表１**の通りですが、医師が必要でないと認めるときは省略することができます。

有害業務従事者は特別な健康診断も

安全衛生法で定める健康診断は、定期健康診断の他にも**表２**のものがあります。

その他にも有害な業務に常時従事する労働者などに対しては、原則として、雇い入れ時、配置替えの際および６カ月以内ごとに１回（じん肺健診は管理区分に応じて１～３年以内ごとに１回）、「特殊健康診断」「じん肺健診」「歯科医師による健診」の特別な健康診断をしなければなりません。

2015年からストレスチェック制度

働き方改革や近年、社会問題となっている長時間労働や職場環境による労働者のメンタルヘルス不調を予防し、かつ精神的健康を保持増進するために2015年から「ストレスチェック制度」がスタートしました。

労働安全衛生法では、「事業者は、労働者に対し、厚生労働省令で定めるところにより、医師、保健師その他の厚生労働省令で定める者による心理的な負担の程度を把握するための検査を行わなければならない」と規定されました。

また、改正労働安全衛生法では「心理的な負担の程度を把握するための検査（以下、ストレスチェックという）およびその結果に基づく面接指導の実施を事業者に義務付ける」ことにしました。常時50人以上の労働者を使用する事業場に、実施義務が課されています。

受診時間の賃金支払いは労使で協議

定期健康診断のための時間は労働時間と

表１　定期健康診断項目

	定期健康診断項目	医師判断による省略項目
①	既往歴、業務歴の調査	
②	自覚症状および他覚症状の有無の検査	
③	身長、体重、視力および聴力の検査	身長…20歳以上の者 聴力…45歳未満の者（35歳および40歳の者を除く）は、医師が適当と認める聴力検査に代えることができる
④	胸部エックス線検査、喀痰（かくたん）検査	喀痰検査…胸部エックス線検査で異常のない者
⑤	血圧の測定	
⑥	貧血検査	40歳未満の者（35歳の者を除く）
⑦	肝機能検査	
⑧	血中肥質検査	
⑨	血糖検査	
⑩	尿検査	尿中の糖の有無の検査…血糖検査を受けた者
⑪	心電図検査	40歳未満の者（35歳の者を除く）

表２　その他の健康診断

	種　類	対象となる労働者	実　施　時　期
一般健康診断	雇い入れ時の健康診断	常時使用する労働者	雇い入れの際
	特定業務従事者の健康診断	労働安全衛生規則第13条第１項第２号に掲げる業務※に常時使用する労働者 ※振動業務や重量取り扱い業務、獣毛などのじんあいまたは粉末を著しく飛散する場所における業務など	左記業務への配置替えの際、６カ月以内ごとに１回
	海外派遣労働者の健康診断	海外に６カ月以上派遣する労働者	海外に６カ月以上派遣する際、帰国後国内業務に就かせる際
	給食従業員の検便	事業に付属する食堂または炊事場における給食の業務に従事する労働者	雇い入れの際、配置替えの際

はなりません。そのため、受診などに要する時間についての賃金は労使の協議によって定めるべきものですが、円滑な受診を促すことを考えれば賃金を支払うことが望ましいでしょう。

健康診断やストレスチェックの結果、再検査の通知、配置替えなどの措置に係る件は、個人情報保護の観点からその取り扱いには注意が必要となります。　**（外崎）**

Q29 事業主は労災保険に入れないと聞いています。仕事中のけがが心配です。

A 事業主も、災害の発生状況や業務の実情などから、従業員と同じように保護することが適当であると認められる場合（例えば、従業員と同じような作業を行っているなど）については、特別に労災に任意加入することができます。これを「特別加入制度」といいます。

解説 労災保険制度は業務中や通勤途上での負傷、疾病、障害、死亡に対して、従業員（労働者）に保険給付を行う制度です。反対に、原則として事業主が従業員と同様の作業を行っていた場合に事故に遭っても、労災保険からは給付を受けることが

表１　どんな事業主が加入できるの？

①　特定農作業従事者
特定農作業従事者とは、次の①～③の全てに該当する人をいいます。 ①「年間の農業生産物（畜産および養蚕に係るものを含む）の総販売額が300万円以上」または「経営耕地面積が２ha以上」の規模（この基準を満たす地域営農集団などを含む）を有している ②土地の耕作・開墾、植物の栽培・採取、家畜（家きんおよびみつばちを含む）・蚕の飼育の作業のいずれかを行う農業者（労働者以外の家族従事者などを含む）である ③次のアからオまでのいずれかの作業に従事する ア　動力により駆動する機械を使用する作業 イ　高さが２ｍ以上の箇所での作業 ウ　サイロ、むろなどの酸素欠乏危険場所での作業 エ　農薬の散布作業 オ　牛、馬、豚に接触し、または接触する恐れのある作業
②　指定農業機械作業従事者
指定農業機械作業従事者とは、農業者（労働者以外の家族従事者などを含む）であって、次の機械を使用し、土地の耕作、開墾または植物の栽培、採取の作業を行う人をいいます。 ①動力耕運機その他の農業用トラクタ ②動力溝掘機 ③自走式田植え機 ④自走式スピードスプレーヤ、その他の自走式防除用機械 ⑤自走式動力刈り取り機、コンバインその他の自走式収穫用機械 ⑥トラックその他の自走式運搬用機械 ⑦次の定置式機械または携帯式機械 ・動力揚水機　・動力草刈り機　・動力カッター　・動力摘採機　・動力脱穀機 ・動力せん定機　・動力せん枝機　・チェーンソー　・単軌条式運搬機　・コンベヤ ⑧無人航空機（農薬、肥料、種子、もしくは融雪剤の散布または調査に用いるものに限る）
③　中小事業主等
中小事業主等とは、農業の場合には常時300人以下の労働者を使用する事業主（事業主が法人の場合にはその代表者）および労働者以外でその事業に従事する人（特別加入ができる事業主の家族従事者など）をいいます。なお、労働者を通年雇用しない場合であっても、１年間に100日以上、労働者を使用することが見込まれる場合を含みます。

できません。

しかし、例外的に従業員と同様の作業を行っている場合に、事業主であっても給付を受けることができる特別加入という制度があります（**表1、2**）。任意加入のため、申請が承認された後からの労災事故に対する給付であることに注意が必要です。

加入の手続きはJAなどで

特定農作業従事者または指定農業機械作業従事者として加入する場合は、特別加入団体として承認されている団体（JA、県中央会など）に申し込んでください。加入手続きはその団体が行います。

また、中小事業主などとして加入する場合は最寄りの労働基準監督署へ申請を行ってください。 **（岩野）**

表2　どんな給付を受けることができるの？

療養（補償）給付	業務災害や通勤災害による傷病について、必要な治療が無料で受けられる
休業（補償）給付	業務災害または通勤災害による傷病の療養のため労働することができない日が4日以上となった場合に、休業1日につき給付基礎日額の60％相当額が支給される
障害（補償）給付	業務災害または通勤災害による傷病が治った後に障害等級第1級から14級までに該当する障害が残った場合に、年金または一時金が支給される
遺族（補償）給付	業務災害または通勤災害により、死亡した場合にその遺族に対して、年金または一時金が支給される
傷病（補償）年金	業務災害または通勤災害による傷病が療養開始後1年6カ月を経過した場合などに年金が支給される
介護（補償）給付	業務災害または通勤災害により、一定の障害を有し、介護を受けている場合に支給される
葬祭料・葬祭給付	葬祭の費用の一部が支給される

Q30 従業員に農作業だけでなくレストランで働いてもらうことも。労災保険上、注意する点は？

A 同じ事業主内であっても、違う部門（農作業部門とレストラン部門）が存在している場合には、原則としてそれぞれの部門で労働保険の適用事業所成立の手続きが必要です。しかし、レストラン部門が経営組織として農作業部門（人事や経理など）から独立していない場合、前述のような手続きは必要なく、レストランで労災事故が起きた場合も労災保険の給付を受けることができます。ただし、レストラン部門に独立性があるか否かは、労働基準監督署の判断を仰ぎましょう。

このように複数の部門がある場合、労災保険だけでなくさまざまな対応を行わなければならないので、注意が必要です。

解説 農作物を新鮮な形で直接その場で食べることができ、生産者との交流ができる場として、ファームレストラン（農家レストラン）や農家カフェが全国各地で増えています。

このような農家では、従業員に農作業プラス、レストランでも働いてもらうことがあると思います。いわば本来の業務（農作業）の合間に、付随する業務（レストランなど）といったところでしょうか。このように付随する業務中にけがなどを負った場合、業務として、両部門の指揮命令をしていれば、原則として労災保険の給付を受けることができます。

業務遂行性と業務起因性が必要

そもそも労災保険の給付はどのようなときに行われるのでしょうか。

難しい言葉ですが、「業務遂行性」と「業務起因性」が必要となります（**図**）。業務

図　業務遂行性・業務起因性と労災の関係

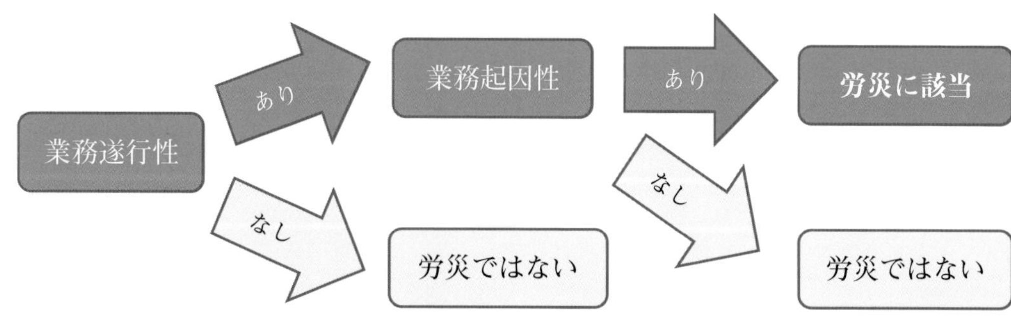

遂行性とは、労働契約に基づき労働者が事業主の支配下にあることです。業務起因性とは、業務と傷病などの間に一定の因果関係があることをいいます。

今回の事例だと、農作業や農家の業務の一環としてレストランがあり、そこでの作業中にけがなどを負った場合、事業主の支配・管理下で業務に従事しているとして「業務起因性」が認められます。労働者が労働関係の下にあった場合に起きた災害、つまり「業務遂行性」があるとされ、労災の給付が行われると考えられます。

事前に従業員の了解を得ること

労災保険とは別に注意すべき問題もあります。事業主が途中でレストランを開業した際、農場で作業を行うために採用した従業員が農場の作業にプラスしてレストランの作業が加わることを了承しているかということです。

このような了承がない場合、「農作業としての採用だったのに話が違う」「農作業の給与額でレストランの仕事をさせられている。レストラン業務のみで採用した人との賃金格差が気になる」などの不満が噴出し、トラブルに発展してしまう可能性があります。

そこで、レストランの業務を行う可能性がある従業員に対しては、採用前に「レストランで勤務することもある」旨の説明を丁寧に行い、雇用契約書への記載を必ず行ってください。

途中からレストランを開業する場合は、レストラン業務を行ってもらう予定の従業員に対して説明を行い、納得してもらった上で働いてもらいましょう。

レストラン業務は労働時間に注意

もう一つ注意すべき点があります。農業（農作業）については労働基準法の労働時間の規制がかかりませんが、レストラン業務についてはその規制が及びます。

そこで基本的には、農作業とレストラン業務を合算した時間を労働時間の規制の枠内に収めるような時間管理を行いましょう。 **（岩野）**

Q31 従業員が「自分のけがは労災だ」と主張しています。どう対応すれば？

A 労災か否かの判断は事業主ではなく、労働基準監督署が行うものです。

解説 Q30でもありましたが、労災給付を受ける要件として「業務起因性」と「業務遂行性」が認められなければなりません。では、この判断は誰がするのでしょう。

多くの会社では、「労災が起こると、事業主が手続きする」と思っているかもしれません。しかし、労災事故の手続きは原則として、被災従業員が行うことになっています。事業主は、その手続きに必要な資料を提出したり、労働基準監督署の調査に対応したり、場合によっては煩雑な手続きを被災従業員に代わって行うことになっています。

手続きは原則、被災従業員が行う

労災の現場を複数人が目撃しているなど、労災の発生が明らかな場合、被災従業員の便宜などを考えて、事業主が手続きを代行することがあるかもしれません。その際は、発生した労災事故についての事実確認を丁寧に行いましょう。手続きを代行する場合、労災保険の書類作成に被災従業員の給与情報などの記載も必要です。被災従業員のストレスにならないように、スムーズに手続きしましょう。

目撃者もおらず、労災か否かが明らかでない場合、業務上のけが（労災）なのか、それともプライベートで負ったけがなのか分からないことがあります。このような場合、被災従業員の労災である旨の主張を安易にうのみすることなく、そのけがの事情を、本人やその他関わりのある従業員などから詳しく聞くようにしましょう。それでも労災か否かが明らかでない場合、もしくは事業主が労災と認めれない場合、原則通り、本人に申請を行ってもらうこととし、事業主の証明を求められた際は疑義のある箇所について理由書を作成し提出するなどの対応をとりましょう。

うつ病の労災請求には調査が必要

うつ病などの精神疾患の原因が「長時間労働やパワーハラスメントによる労災だ」と請求する従業員もいます。このような場合、まず長時間労働が行われていたか、またパワーハラスメントやセクシャルハラスメントがなかったかの調査が必要です。本人からの事情聴取はもちろん、周りの従業員にも丁寧に調査しましょう。

その上で、長時間労働やパワーハラスメントなどがないことが明らかな場合は、前

※「労災隠し」とは

従業員が就業中に業務が原因でけがをしたり、死亡したりするなどの労働災害（業務災害）が発生したとき、事業者は災害の状況を労働基準監督署に報告しなければなりません。

具体的には、「労働者死傷病報告」という書類を提出することによって報告するのですが、災害の程度によって２種類の提出方法があります。

①死亡または休業４日以上の災害の場合は、その都度、労働者死傷病報告を提出します。

②それより軽い災害の場合は、４半期ごとにまとめて、労働者死傷病報告を提出します。

「労災隠し」とは、労災事故が発生したにもかかわらず、事業主が意図的にこれを隠すことです。具体的には、労働者死傷病報告の提出を怠ったり、虚偽の報告をすることをいいます。

労災隠しを行った事業者には労働安全衛生法違反によって送検されるといった重いペナルティーが課せられる可能性があるので、労働者死傷病報告は忘れず提出するようにしてください。

述のような理由書の作成と提出を行う対応をとります。

被災従業員から労災請求があった場合、労働基準監督署から事業主に対して、事情を聞かれる場合があります。その際は事業主が行った調査などを示し、適切に対応することが肝要です。

労災申告できる体制づくりを

労災が発生しないことが理想ですが、不幸にも労災が発生した場合、必ず申告してもらう体制づくりを行いましょう。

「労災を申告すると事業主に迷惑をかける」「以前申告したところ、労災保険料率が上がるから健康保険で診療を受けるよう指示された」などという理由で労災を申告しない場合があります。しかしこれは、いわゆる「労災隠し※」として罰則の対象にもなります。

労災の発生は、安全衛生に関する問題に早めに対策すべきというシグナルです。どんな小さな切り傷でも申告するような体制づくりをしましょう。　**（岩野）**

採用・定着・育成　賃金　労務管理・雇用トラブル　保険・安全衛生　法人化・承継　多様な人材の活躍

Q32 従業員が作業中に大けがを負ってしまいました。労災保険で全て補償できますか？

A 事業主の責任を全て労災保険で賄うことはできません。

解説 労災保険に加入しているからといって、全ての補償をカバーできるわけではありません。被災した従業員が事故に遭ったことによって、働くことができなくなった場合、**図**のように、その差額を事業主が支払わなければならない場合があります。

最近では、億を超える金額を支払うような裁判例もあります。

労災保険にはどんな給付が？

主な給付はＱ29の**表２**をご参照ください。

療養（補償）給付や休業（補償）給付、障害（補償）給付、遺族（補償）給付、傷病（補償）年金、介護（補償）給付などがあります。

慰謝料はカバーされない

事業主に安全配慮義務違反などの債務不履行責任や不法行為などがあるとされた場合、事業主に対し被災労働者やその家族から慰謝料を請求されることがあります。前述の通り、労災保険で慰謝料はカバーされていないので、裁判を起こされ慰謝料を請求されることも考えられます。

慰謝料には主に以下のものがあります。

①入通院慰謝料
②後遺障害慰謝料
③死亡慰謝料

逸失（いっしつ）利益を請求されることも

被災労働者本人やその家族は労災保険で障害補償や休業補償、遺族補償などを受け取ることができます。しかし被災労働者が一生働いた場合にもらえるかもしれない賃金に比べると少額になるのが一般的です。

そこで労災保険でカバーされない、一生働いてもらえたはずの賃金と労災保険から受け取れる給付の差額を、裁判などを通じて、事業主に請求されることもあります。

事業主が安全配慮について注意義務を果たしていない場合は、支払わなければならないと判断されることがあります。

事業主には安全配慮義務がある

事業主には労働契約上の責任として、労働者の安全や健康に十分配慮する義務があります。いわゆる「安全配慮義務」です。

その義務を果たさない場合、数千万円から数億円の高額な請求をされてしまう可能性もあります。安全配慮義務について、詳しくはＱ33で述べます。　**（岩野）**

図　労災給付額との差額（A-B）を事業主が支払う必要がある場合も

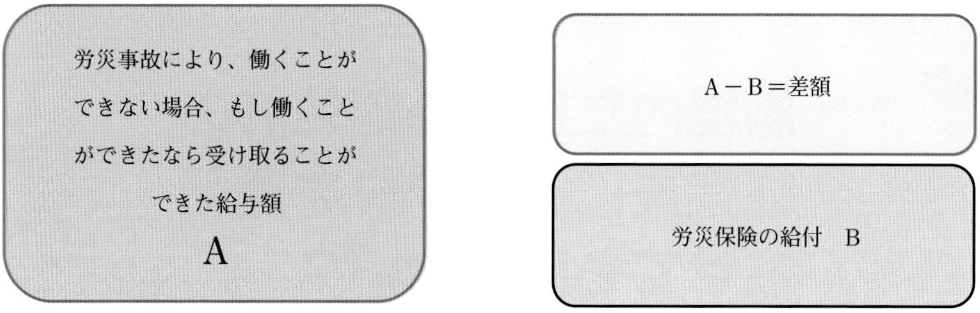

労災事故により、働くことができない場合、もし働くことができたなら受け取ることができた給与額 A	A－B＝差額
	労災保険の給付　B

コラム

民間保険の活用も

Q29～32では、労災保険の話をしてきましたが、ここでいう労災保険とは国が管掌する「労働者災害補償保険法に基づく給付」になります。

Q32で述べたように、労災保険の給付では賄えない場合、慰謝料や安全配慮義務違反を問われた際の逸失利益の支払いなどが必要になります。

このような事態に備えて、訴訟などが発生した場合の弁護士費用などにも対応したさまざまな保険商品（使用者賠償責任保険）が民間保険会社や農協などを通じて販売されています。事業規模や補償内容など複数のプランが用意されているので、こういった保険の活用も考えてみてはいかがでしょうか。

Q33 圃場内だけなら無免許の従業員にトラクタを運転させても問題ない？

A 圃場内は私有地だからといって、無免許の従業員が事故を起こした場合、事業主は「安全配慮義務違反」として責任を問われる可能性があります。

解説 「私有地だからトラクタの運転も無免許で問題ないのでは」という声をよく聞きます。しかし、いったん事故が起こり、従業員の重大な労災事案になった場合は安全配慮義務違反として責任が問われる可能性があります。

それでは安全配慮義務とは、どのような義務なのでしょうか。

従業員の安全を守る義務がある

事業主には、従業員が安全で健康に働くことができるよう配慮する義務があります。この義務を安全配慮義務といいます。事業主がその義務を怠る（果たさない）ことを安全配慮義務違反といいます。

危険な設備や器具を安全に使用するための措置を行うのは事業主である、ということです。法律上も、労働契約法第５条で以下のように定めています。「使用者は、労働契約に伴い、労働者がその生命、身体等の安全を確保しつつ労働することができるよう、必要な配慮をするものとする」

具体的には以下の通りです。

①事故やけがが発生しそうな装置や場所には安全装置などを設置する

②新たに雇った従業員や配置換えなどで新たな業務に就いた従業員に対して、安全衛生教育（機械や原材料の危険性・有害性および取り扱い方法など）を適切に行う

③以上の他、労働時間の管理（長時間労働の防止）や健康診断の実施、メンタルヘルス対策などを行う

事故発生時に責任問われることも

圃場での無免許運転は、道路交通法上の違反はないとしても、前述の「労働契約上の安全配慮義務違反」に問われる可能性があります。特に無免許は、前述の「安全衛生教育などが適切に行われていない」と判断される可能性があります。

つまり無免許運転によって大きな労災事故が発生した場合、安全衛生教育を行っていなかったとみなされ、事業主が本人または遺族から多大な請求をされる可能性があります。

私有地でも必ず免許取得を前提に

例えばフォークリフトの運転は、私有地なら道路交通法上、免許が必要なくても、

安全衛生法上で考えれば免許が必要です。その他にも重量物のつり上げなどの業務は無免許で行うことが禁止されています。

道路交通法上だけではなく、安全衛生法などの他の法律で禁止されている業務などがあるので、「私有地だから無免許でいい」という判断はやめましょう。

無免許での運転はさまざまなリスクを伴います。運転者本人だけではなく、いったん事故が起こると農場の経営が成り立たなくなる可能性もあります。圃場内や私有地であっても必ず免許の取得（**表**）を前提に、業務を行いましょう。 **（岩野）**

表　主な免許・講習

作業内容	必要免許・講習
最大荷重1t以上のフォークリフトの運転作業	労働安全衛生法に基づく**運転技能講習**を修了
農耕用作業車（トラクタ、コンバインなど）の運転	道路運送車両法に基づき、**小型特殊自動車免許**（一部、大型特殊自動車）
クレーン作業	労働安全衛生法に基づき、**クレーン運転士免許**
玉掛け作業	労働安全衛生法に基づき、**玉掛け作業者**

Q34

長時間労働が続いています。従業員の健康が心配です。

A 長時間労働はさまざまな面で従業員の心身に悪影響を与えます。特に脳血管障害・心疾患などの身体に対する影響や、うつ病などの精神疾患を引き起こすといわれています。また、国としても働き方改革を通じて、長時間労働の削減を目指しています。時間管理などの対応が必要です。

解説 これまで労働基準法41条1号で「農業（林業を除く）または畜産、養蚕、水産の事業に従事する者」については、労働時間の規制の適用除外とされてきました。そのため、長時間労働に関する対応も熱心に行ってこなかった事業主も多かったと思われます。

しかし、長時間労働が心身にさまざまな悪影響を及ぼすことが知られてきました。さらに人材確保の観点からもデメリットとなると考えられます。

疲労蓄積が脳血管や心臓の負担に

長時間労働が続くと、休息が取れず、睡眠不足を引き起こし、疲労の蓄積が起こります。その疲労の蓄積が脳血管や心臓に負担を掛けます。

また精神にも悪影響を与え、うつ病などを引き起こし、最悪の場合、命に関わる問題にもなります。

働き方改革で、農業も時間管理を

長時間労働が社会的な問題になったことから、国全体を巻き込み働き方改革が推進されることになりました。特にこれまで法的な規制がされてこなかった、「労働時間の上限規制」が導入されました。

前述のように農業は労働時間の規制の適用除外なので直接の影響は受けませんが、他産業からの人材募集にも関わってくるため、これからは他産業と同様、労働時間の規制に準じた労働時間の管理が必要です。

労基法が定める長時間労働の規制

労働基準法の労働時間の規制は以下のようになります。

①時間外労働の上限は、原則として月45時間・年360時間となる。ただし、臨時的な特別な事情があればこれを超えることができる

②臨時的な特別な事情があり、労使が合意する場合（特別条項といいます）でも、以下を守らなければならない

・時間外労働が年720時間以内

・時間外労働と休日労働の合計が月100時間未満

・時間外労働と休日労働の合計について、「2カ月平均～6カ月平均」が全て1カ月当たり80時間以内
・時間外労働が月45時間を超えることができるのは、年6カ月が限度
・特別条項の有無に関わらず、1年を通して常に時間外労働と休日労働の合計は100時間未満、2～6カ月平均80時間以内にしなければならない

健康を害した場合、責任追及も

以上のように長時間労働の規制が始まりましたが、長時間労働が精神疾患を引き起こした場合、事業主が安全配慮義務違反の責任を問われる可能性があります。

Q33でも述べましたが、事業主には従業員が安全で健康に働くことができるように配慮する義務があります。事業主が長時間労働に対して対応を行わずに、従業員が心身の健康を害し、精神疾患に陥った場合、安全配慮義務違反として責任を追及される可能性があります。

労働時間を把握し、内容を吟味

従業員が安全で健康に働けるようにするには、まず事業主が従業員の労働時間を把握することです。事業主の中には「従業員は好きで作業をしているんだから、時間などを把握するのは面倒」という人も見受けられます。しかし、このような場合でも労働時間の把握は必ず行わなければなりません。

そして把握した時間の労働内容を吟味します。「現在の労働時間が必要なのか」「休憩ができる時間はないか」「外部の資源を生かして、労働時間の短縮はできないか」「無駄な作業はないか」など、作業を効率的に行うためのチャンスと捉えて、さまざまな可能性を探っていくことが、最初の1歩となります。

人材確保の観点からも改革を

これまで述べたように、長時間労働は従業員の心身に悪影響を与えます。また、人材確保の点からも、長時間労働を行う事業所には優秀な人材は集まりません。

「安全配慮義務」と「人材確保」の観点から、働き方改革の機運をチャンスと前向きに捉え、長時間労働の削減に取り組みましょう。 (岩野)

Q35 後継者に事業承継をしたいと考えています。その際の注意点は？

A 「農家」という言葉からも分かる通り、これまで農業は「家」を中心に営まれてきました。近年は、農業法人が農業を行うようなケースも増えています。農業の担い手全体の高齢化も進行していますので、「誰に」「どのような方法で」農業を継いでもらうか、事前の準備が肝要です。

解説 大まかに言えば、農業の事業承継方法は二つあります。①親子や親戚など個人間で農家を承継する方法②農業法人を設立して、農業を営み続ける方法です。

農業法人の設立というと難しく感じるかもしれませんが、専門家に農業法人の設立手続きのサポートを依頼することもでき、「個人間の承継」にはない独自のメリットもあります。

後継者育成においても、それまで高めてきた農場の価値を引き継いでくれる人を探す必要があります。そのための一助として、それぞれの農家の実情に合わせた承継方法の準備をしていただきたいと思います。

子どもが一人なら「法定相続」

まず個人間で農業を承継する方法として、「相続」が考えられます。これまでは相続によって農地を後継者に承継することが一般的だったので、なじみの深い方法といえます。

特段の手続を取らずとも相続の基本的なルールは法律で定められているので、子どもが一人しかおらず後継者になってくれる場合や、農業法人のメリットに興味のない人は法定相続で対応することも考えられます。

子どもが複数いれば「遺言作成」

一方で子どもがいない場合や反対に複数人いる場合は、仮に後継者が決まっていたとしても法律上、その後継者にそっくり農地を承継できるわけでないので注意が必要です。このような場合、農地が分散しないように「遺言」を作成するか、次で述べる「農業法人の設立」の手続きを取るなどの準備が必要になります。

遺言には「公正証書遺言」「自筆証書遺言」があります。公正証書遺言は公証役場で手数料を支払って作成してもらうものです。自筆証書遺言は自身で作成するものですが、誰にどのように承継させるかによって遺言の内容を細かく決める必要があるので、弁護士などの専門家に相談した上で作成することをお勧めします。

また遺産分割を遺言で決めた通りの内容で行ってもらうため、手続きを代行してもらう人（遺言執行者）をあらかじめ決めておくこともできます。相続の手続きは煩雑なため、農地や農具が多数存在したり、個人の資産が多い場合は遺言執行者を決めておくと相続人も速やかに遺産相続を受けることができます。遺言執行者の選任を希望する場合も専門家に相談するとよいでしょう。

「生前贈与」で税負担減らせる

規模が大きい農家の場合、相続の際に相続人に相続税などの多額の税負担が生じる場合があります。そこで税務負担を減らすため、「生前贈与」の活用も考えられます。生前贈与とは、簡単に言うと本人が亡くなる前に財産を贈与することをいいます。

後継者がすでに決まっており、農業を継続するのであれば、一定の条件はあるものの、「贈与税の納税猶予制度」などを適用した上で「相続税の納税猶予の特例制度」の適用を受けることで税負担の軽減ができます。税法上は、原則として贈与する場合も、相続する場合も課税されます。しかし農家の場合は後継者に農業を続けてもらうため、贈与や相続に関する税金の支払いを猶予したり、免除したりする特別な制度が設けられています。

ただし適用条件を外れた場合は予期せぬ税負担が生じる可能性もあるため、後継者とよく相談した上で準備する必要があります。

リタイアなら農地の売買・賃貸

当然なことですが相続の場合、農地を所有している人が亡くなったタイミングで正式に農業が承継されることになります。

例えば、後継者がおらず、引退する（リタイアする）タイミングに合わせ農地などを承継したい場合には農業法人の設立か、農地や農具などをまとめて売買（事業譲渡）するか賃貸する方法を取ることになります。

ご存じの方も多いと思いますが、農地の売買や賃貸は農地法上制限されています。承継される人が①取得する耕作地を全部利用すること②耕作に常時従事（1日8時間換算で年間150日）すること③北海道では2ha以上の農地を耕作すること—などの条件を満たし、農業委員会の許可を受ける必要があります。

なお農地の売買・賃貸については、農地法上の制約があったり、現実にはどのように購入希望者や借り手を探すかという問題があります。農業公社では、借り受け希望者の公募や、農地法による許可を受ける必要がない形の賃貸（利用権設定）などのサポートをしています。

農業法人設立の検討も

次に農業法人について簡単に説明します。農業法人は法律上、個人とは別に農地や農具を所有することが認められています。このため、相続により農地が分散する危惧もなくなり、法人の社員を交代する方法で事業を継続することもできます。また農業法人が農業に関する財産をまとめて管理しているので、まとめて売却（事業譲渡）したり、「株式」（農業法人自体の権利）を譲渡することで、他の農業法人や新規に農業を始めたい人などに事業承継することもできます。

農業法人を設立する場合、税務や資金調達においてのメリットもあります。法人の設立を一度検討されると良いと思います。農業法人について、詳しくはQ37で説明します。

（倉茂）

Q36 親族、従業員、外部人材…、経営を誰に継いでもらうか悩んでいます。

A 誰に経営を継いでもらうにせよ、大まかなステップとして①生産技術や技能を引き継ぐ②後継者を決める③農業に使っている財産を引き継ぐ―の３つを経る必要があります。また、一筋縄ではいかないと思いますが、後継者候補を見つけ、後継者が安心して事業を継続できるようにブランド化するなど、農業できちんと利益が出る仕組みも考えておく必要があります。

解説 承継後の事業の行方が左右されるため、誰を後継者にするかは現経営者にとって大きな課題です。ただし「生産技術や技能を引き継ぐ」という観点からは、長年一緒に農業を営んできた親族や従業員に承継させるのが良いのは言うまでもありません。

確実な承継でトラブル防ぐ

親族、特に子どもであれば現経営者の財産である農地や農具を相続することが前提となるので，生前贈与や遺言を用いて財産を承継すれば問題も生じにくいと思います。

従業員の場合、遺言を用いて財産を相続させる（遺贈）こともできますが、相続人から不満が出る場合もあり、もめかねません。また親族間の相続でも問題になる場合があります。相続人には生活保障の趣旨で法律上「遺留分」という権利が認められていますので、後で相続人が遺贈の取り消しを主張したり、承継した従業員に対して遺留分に相当する代価を支払うよう請求することもあり得ます。

確実に従業員に農業を承継させ、後の紛争を招かないためには、次で述べる「事業譲渡」の方法を取るか、農地などの売却や農業法人の株式の譲渡など、一定の手続きを取る必要があります。

事業承継の方法として賃貸による方法も考えられますが、この場合には所有権者（相続人）と実際の使用者（後継者）が異なることになります。農地などの所有者が相続人となった場合、相続した人の考え次第で賃貸借契約を解約される場合もあり、「次代への確実な農業の承継」という意味では不確実です。農業法人の場合、従業員を代表取締役などにするという承継方法もありますが、農業法人の株式などの所有者の考えに左右される可能性があります。

「事業譲渡」でまとめ売り

従業員や外部人材への承継方法としては農地の売却の他に「事業譲渡」が考えられ

ます。農地などの売却は日常的に行っている物の売り買いと同じであるため、イメージがしやすいと思います。

事業譲渡とは、要するに「土地や農具など農業に関連する物をまとめて売る」ということで、基本的には通常の物の売り買いと変わりません。これを売買といわず，あえて「事業譲渡」と言うのは、「物をまとめて売る」ことに意味があるためです。例えば農地と農地にあるビニールハウスは別物ですが、それぞれバラバラに売る場合、農地ならビニールハウスの撤去費用がかかり、ビニールハウスなら中古品なので売れるかどうかも分かりません。しかし農地や農具などをまとめて売却すれば、すぐに農業をできる準備が整っています。いわば「その事業そのものを売却した」に等しいのです。

買い主としても一からいろいろな物を準備する必要がなく、農業に必要な物が全てそろっているため、バラバラに買うより便利です。このため、農地や農具をそれぞれ個別に売却した場合と比較して、価値が高まることになります。

事業譲渡の対象に何が含まれるかは買い主と売り主で協議して決めるので、必ず全部まとめて売り買いしないといけないわけでもありません。例えば、「自動車を農業に使っているけど、日々の買い物にも使っている」場合は、事業譲渡の対象から外すことも可能です。

現経営者は農地や事業の売却益という形で利益の分配を受けることになります。もちろん農業を受け継いでもらうこと自体に意味や価値がある場合もあるので、利益の分配である対価を設定しないことも考えられます。

公社に相談し借り受け希望者を探す

後継者候補が見つからない場合、外部人材からの確保を考えることになります。では、外部人材はどのように見つけたらよいのでしょうか。

Q35でも説明しましたが、農業公社に相談する方法があります。農業公社は、農業の生産性向上や経営規模の拡大、新規参入者のために農地などの中間的受け皿となる組織で、農地の貸し借りなどを仲介しています。道内でも公益財団法人北海道農業公社が各地に支所を置いています。

農業公社はホームページ上で借り受け希望者の公募をしてくれたり、借り受け可能な農地を希望する企業の情報を公表するなどしています。また通常の賃貸借とは異なり、農地法上の許可を受けなくとも良いとされている「利用権設定」という制度も用意されており、広く活用されているようです。

このように農業公社に相談して借り受け希望者を探す方法の他、近隣の同業者のつてを頼るなど地元の口コミが有効な場合もあります。

後継者には技術だけではなく農地や農具などの財産も引き継ぐことになります。特に従業員や外部人材を後継者とする場合、相続における影響を考える必要があるといえます。　**（倉茂）**

Q37 経営規模の拡大に伴い法人化したい。メリットとデメリットは？

A 「農業法人」とは、農業を事業として行う法人をいいます。農地を所有するためには、さらに株式会社や農業組合法人であること、その主たる事業が農業であることなど幾つかの要件を満たす必要があります（要件を満たした法人を「農業生産法人」といいます）。

法人化のメリットは、大まかに①節税できる②事業承継が便利になる③取引先や金融機関、社員からの信用が増える―があります。

解説 ここでは、個人経営と株式会社を設立した場合とで比較して説明していきます。

一般的なメリットは節税

会社を設立した場合、税制が大きく変わります。これまで個人で農業をしていた人も、会社から役員報酬や給与という形で収入を受けることになります。役員報酬や給与は「給与所得控除」が認められており、税法上、一定の割合が会社の経費として扱われることになります。また、従前経費として計上していた肥料や農具など農業に必要な費用も会社の経費から差し引くことになりますので、追加で給与所得控除分を所得から差し引くことになります。

一般的に法人化のメリットとして、給与所得控除制度の適用を挙げることが多いです。しかし、それぞれの農家の事情に合わせて個人事業とするのか、法人を設立するのか、適切な事業形態を選択する必要があります。

その他、売り上げが1,000万円を超えた場合、消費税が課税されますが、会社設立後はあらためて消費税が２期免税されたり、生命保険料を損金算入できたり、青色欠損金の繰り越し控除が３年から９年に延長される場合もあります。また、農業に使用している財産を後継者に承継する場合の相続税対策になる場合もあります。

さらに個人事業主の場合、毎年１月１日から12月31日までの収入を３月に確定申告する必要がありますが、会社であればこれを自由に設定できます。例えば、１月から３月が収穫の繁忙期の場合、比較的手が空いている他の時期に決算時期をずらせば、より農業に専念できます。

納税猶予打ち切りなどに注意

一方で、赤字であっても法人住民税の均等割り（自治体によって異なりますが最低７万円）の納税が必要となります。また、相続税・贈与税納税猶予の特例を受けた農地を会社が使用する場合、この猶予が打ち切られてしまう可能性もあります。

さらに会社と個人は別々に扱われますので、原則として会社の預貯金を自由に使用することができなくなります。また法人化する以上、適切な管理をしなければなりませんので、経理作業や決算作業の手間が増える面もあります。

安定した事業継承が可能に

会社を設立した場合、会社の所有財産自体は個人相続の対象外となります。そのため遺産分割の手間を省いたり、相続による事業用財産の分散を防いだりすることができ、個人経営と比べ、安定した事業の継続ができます。

また会社の名義で農地や農具を借りたり、金融機関から融資を受ければ、後継者は手続きなくこれを引き継ぐことができます。引退前に、後継者に代表取締役へ就任してもらい経営を担ってもらうこと（経営権の委譲）も可能です。ただし事業承継のために株式会社を用いる場合、「株式」が会社の支配権を意味することになります。この株式をどのように後継者に移転させるか問題です。この場合も、事前に一定の手続きを取っておくことで、税の優遇などを受けることができます（事業承継税制）。

法人化を事業承継の手段の一つと考えると、他の事業承継方法とも比較してどれが最も良いか検討する必要があるでしょう。

取引先や社員からの信用度アップ

会社を設立することで、取引先が広がる可能性があります。特に農作物のブランド化と合わせることで顧客の信用度も大きくなるでしょう。また、金融機関からの信用も向上し、融資枠が増える場合もあります。

従業員を雇用する場合、労災保険や雇用保険、社会保険に加入しなければならず、その手間と費用が増えることになります。とはいえ、実際に働く従業員からすれば、労災や厚生年金の制度が適用されることになるため、信用が増える（応募が増える、長期的に働いてもらえる）ことが期待できます。

従業員を雇用した場合、国や自治体から助成金を受けられる場合がありますが、社会保険加入が条件のものもあります。助成金の受給要件などは複雑なので、社会保険労務士など専門家に相談すると良いでしょう。

法人設立時にどう財産を引き継ぐ？

法人を設立する場合、これまで使っていた農地や農具をどのように引き継ぐかも考える必要があります。方法としては、①法人に譲り渡す形を取る②個人で所有したまま法人に貸す形を取る—のいずれかが考えられます。

ただし譲渡した場合は、譲渡税が生じることもあります。賃貸する場合は、賃料が個人の収益となるので、課税されたり確定申告手続きを取る必要があったり、相続問題が生じることにもなります。そうなると法人を設立した目的を達成できかねないこともあるため、注意が必要です。（倉茂）

Q38

農家仲間と法人を立ち上げようと考えています。その際の留意点は？

A 農業法人を設立する場合、「株式会社」の形態や「農業組合法人」の形態が取られることが比較的多いようです。株式会社と農業組合法人の違いを表でまとめました。農業組合法人の方が簡易な設立手続きで済み、設立費用を抑えることができます。

表　株式会社と農業組合法人の違い

	株式会社	農業組合法人
構成員	株主、人数制限なし	組合員、農民３人以上
議決権	原則１株１票	１人１票
持分譲渡	組合の承認などの手続きが必要	原則譲渡自由

解説　農家仲間と法人を立ち上げる具体的なケースとしては、①事業規模拡大のため、同じ農作物を育てる近隣の農家と連携強化する場合（事業連携）②何戸かの農家で高価な農業機械を共同購入・使用する場合（農具などの共有）—などが考えられます。

「事業連携」のケースであれば、最初から株式会社の形態を選択するか、最初は設立が簡易な農業組合法人を設立し収益状況などを踏まえて、途中で株式会社に変更する—などが考えられます。「農具などの共有」のケースであれば、設立手続きが簡易な農業組合法人の設立で済ませてしまうことが考えられます。

法人設立のメリット

法人設立の一般的なメリットとしては節税効果、信用向上、事業承継の便宜などがあります（Q37参照）。その他、農家仲間と法人を立ち上げ事業を拡大すれば、規格を統一し同じ品質の農作物をより多く生産できブランド化しやすくなる、複数人が集まることで加工設備の購入など初期投資が必要な事業ができる、新たな商品を開発する環境を整えやすいなど、これまでと異なる形で利益の拡大を目指せます。

スケールメリットを得るために必ず法人を設立する必要があるわけではありませんが、法人化のメリットとして「個人の財産や名義と区別できる」という点もあります。「農具などの共有」のケースでは、法人を設立していない場合、仲間の誰かに相続が発生した際、相続人から持ち分を買い取る必要が出てきます。農地や自動車は登記や登録制度があります。法人を設立していないと代表者個人の名義を使うことになり、他の人に権利があることが公示されません。この場合、代表者が勝手にその物を売却することもでき、農具などを取り戻せないといった問題が生じ得ます。法人化することによって、こういった問題を防ぐことができます。

「事業連携」のケースでも、事業に必要な資産を個人と区別してまとめて管理できるようになり、同様の問題を防ぐことができます。また法人名義の借り入れが可能で、事業のための融資も受けやすくなります。借り主が法人であるため、仮に事業に失敗しても個人の財産を守ることができるというメリットもあります。

法人設立のデメリット

反対に法人を設立した場合のデメリットとして、設立手続きや経理業務の手間や費用が発生することになります。

「事業連携」のケースでは、収益を上げたとしてもその分配方法を勝手に決めることはできず、他の人と協議して定める必要があります。法人に対する貢献度合いや貢献の仕方は共同経営者それぞれで異なる場合もあるので、役員報酬の取り決めの他、退職する際の退職功労金の額など慎重に話し合いをする必要があります。

「農具などの共有」のケースでも、農業組合法人では１人１票制なので、仮に多くの出資金を拠出したとしても、他の人が反対すれば優先して農具を使わせてもらうといったこともできません。

また株主や出資者間で意見対立が深刻化した場合、さまざまな問題が生じます。例えば、「事業連携」のケースでは重要な事項の決定ができずに事業が滞ってしまうことが考えられます。意見が対立する例として、共同経営者の一人に相続が生じ、次代の後継者が新たに参加することになった際、従前の経緯や一緒に事業を運営してきた苦労を共有しておらず紛争になることがあります。

仲間と立ち上げる場合の留意点

農家仲間と法人を立ち上げる場合には、何のために法人を設立するのか、あらかじめ明確にしておく必要があります。特に「事業連携」のケースでは、経営がうまくいかない時期も出てくると思いますので、事前に他の共同経営者と法人を立ち上げる目的、経営理念、事業計画などを共有する必要があります。

また法人を運営するためには、複式簿記の記帳･決算などの経理能力、商品の企画･開発能力、判断力、顧客の集客能力などさまざまな能力が必要となりますので、誰がどのような役割を担うのか考えておく必要もあります。時には代表者の判断の下、補佐役に回らなければならない場面も出てくると思いますが、共同経営者全員が互いに信頼できる関係でなければなりません。

さらに次代への承継という点では、問題が生じないよう他の共同経営者と相談して株式や出資金の承継を進めたり、引退する前から後継者候補に参加してもらうなどの工夫をするとよいでしょう。

農家仲間と法人を立ち上げる場合、関係が継続的なものとなったり、大きな投資が必要になることもあります。慎重に議論を重ねる必要があります。　**（倉茂）**

Q39 女性に気持ち良く働いてもらうために考えるべき点は？

A 女性の特性に配慮した労働環境を整備し、女性が働きやすい職場をつくっていく必要があります。

解説 女性は農業就業人口の約半数を占め、農業の担い手として重要な役割を果たしています。ただ、女性が働く上で、労務管理上の制限が設けられていることや、労働環境の面で配慮しなければならないことは多くあります。また、出産・育児など女性特有のライフイベントもあるので、それらを意識し、働きやすい職場環境を整備していきましょう。

労務管理上、必要な配慮

母性保護の観点から、妊産婦（妊娠している、または出産後１年を経過していない女性）の就業については、労働基準法などで制限されている項目があり、制限されている業務には就かせないよう注意する必要があります。なお、これらの制限は妊産婦以外の女性にも一部準用されています。

①危険有害業務の就業制限（妊産婦以外の女性も制限されています）

女性に対しては、重い物を持つような業務（**表**）や人体に有害なガスや排気、粉じんなどが発散する場所での業務に就かせてはならないという制限が設けられています。

表　女性労働者の業務における重量物の取り扱いに関する制限

年　齢	重　量	
	断続作業の場合	継続作業の場合
満16歳未満	12kg	8 kg
満16歳以上満18歳未満	25kg	15kg
満18歳以上	30kg	20kg

②産前・産後中の就業制限

産前６週間、産後８週間の女性には、休業を与える必要があります（詳細はQ40参照）。

③妊娠中の女性に対する就業制限

妊娠中の女性が請求した場合には、他の軽易な業務に転換させなければなりません。ただし転換業務を新たにつくって与えるまでの必要はありません。

④妊娠中、出産後の健康確保

必要な保健指導などを受けるための時間を確保し、医師などから業務の軽減などの指導を受けた場合は、その指導事項を守ることができるよう必要な措置をしなければなりません。

⑤育児時間の確保

生後１年未満の子を育てている女性が

請求した場合には、休憩時間とは別に、1日に2回（それぞれ少なくとも30分）の育児時間を与える必要があります。

⑥解雇に対する制限

産前・産後休業中の期間およびその後30日間は解雇することができません。また妊娠、出産、または産前・産後の休業を理由として、解雇その他不利益な取り扱いをしてはいけません。

⑦生理日休暇

生理日の就業が著しく困難（つらくて働けない状態）な女性が休暇を請求した場合には、その請求の範囲内（時間単位や半日単位の請求も可能）において、生理日に女性を就業させることはできません。

詳しくは、厚生労働省HPの「労働基準法のあらまし（女性関係）※1」などでご確認ください。ただし妊産婦であっても、農業においては、労働時間に関する項目は適用されません。

労働環境上、必要な配慮

農業は「3K（きつい、汚い、危険）」な職場というイメージが定着していますが、労働環境を整え、女性が気持ち良く働ける職場を目指しましょう。

①作業施設などの配慮

更衣室やロッカーは、女性が作業の準備をするために必要不可欠なものです。男女別に整備しましょう。その際、食堂や休憩所、シャワー室などを併設することで、疲労やストレスの軽減に役立ちます。

収穫後の農産物の選別や加工など行う作業小屋や施設は清潔に保ち、作業台を低くするなど女性に配慮したレイアウトにすると、疲労の軽減などにつながります。また、作業に適した照明設備や換気・空調設備の整備も大切です。

女性用に開発されたおしゃれで機能的な農作業着で作業するのも、気持ち良く働いてもらうために有効です。

②衛生面の配慮

作業場が事務所から遠い場合や圃場が分散している場合もあるので、各作業場の近くに清潔なトイレの設置が必要です。その際、男女別にする、洗い場を設ける、ちょっとした休憩所を設けるなどの配慮も必要でしょう。

いつもきれいな作業服で作業できるよう複数の作業着を貸与したり、クリーニング代を農場で負担するようにしましょう。

また5S活動（整理・整頓・清掃・清潔・しつけ〈習慣〉）に取り組みましょう。

③安全面の配慮

男性と女性では、体格や体力に違いがあります。女性にも扱いやすい農業機械の導入や女性に配慮した作業手順を定め、作業手順書を作成（作業の見える化）するようにしましょう。

女性農業者を対象とした農業機械の説明会や安全講習会も開催されているので、参加を促しましょう。また、従業員の安全を守るのは、農場経営者の責務です。保護帽などの保護具の着用を義務付けてください。

適切な労災保険の加入や上乗せ労災（民間保険）へ加入し、従業員へ周知することで安心感につながります。

④作業効率化（労働時間削減）の配慮

現在の業務を見つめ直し、作業の効率化を進め、作業負担を減らすことで、長時間労働対策や疲労・ストレスの軽減につながります。

ロボット技術やICT（情報通信技術）

を活用したスマート農業により、作業効率化を目指すことも視野に入れましょう。スマート農業に取り組むに当たっては、補助金の活用も見込めます。

「ヒト」への配慮

「ヒト、モノ、カネ、情報」は経営の4要素（資源）といわれています。しかし「モノ、カネ、情報」を動かすのは「ヒト」であり、経営をする上では何より「ヒト」を大切にする必要があります。

①コミュニケーションを図る

気持ち良く仕事をしてもらうためには、コミュニケーションを図り、信頼関係を構築することが重要です。互いに認め合える関係を築くことで、生産性の向上、ハラスメントの防止にもつながります。

②人材育成を行う

やりがいのある仕事を任せることや、将来の姿を見せてあげることで「ヒト」は育ち、「私は、この農場になくてはならない存在だ」といった意識が高まり、人材の定着、生産性向上、業績アップにつながっていきます。

他の女性農業者と関わりを持つことで、さまざまな発見ができます。農林水産省の「農業女子プロジェクト[※2]」をはじめ、そのような場に参加させてみてはいかがでしょう。

③公正な評価を行う

女性は男性に比べて力が弱かったり、出産・育児などのライフイベントの影響を受けやすい立場にあり、不公平な評価や待遇を受けることがしばしばあります。公平に評価し適正な待遇を与えることで、農場に対する「愛着心」や「思い入れ」が向上します。

何より目指すべきは、男女を問わず誰もが働きやすい職場環境づくりです。農林水産省の「農業の『働き方改革』経営者向けガイド[※3]」も参考にしてください。

（木村）

※1　https://www.mhlw.go.jp/general/seido/koyou/danjokintou/dl/danjyokoyou_s.pdf

※2　https://nougyoujoshi.maff.go.jp/

※3　http://www.maff.go.jp/j/new_farmer/attach/pdf/index-7.pdf

パートから育児休業を求められました。与える必要はありますか？

A 一定の要件を満たした有期契約従業員（パート、派遣、契約社員など雇用期間の定めのある従業員）にも、申し出があった場合には育児休業を与える必要があります。また、女性従業員から請求があった場合には、産休（産前・産後休業）を与える必要があります。

解説

妊娠・育児期間中の休業

■産前・産後休業（図）

６週間（多胎妊娠の場合にあっては14週間）以内に出産する予定の女性が休業を請求した場合には、その者を就業させてはなりません。また、産後８週間を経過しない女性を就業させてはなりません。つまり、産前の休暇は本人の請求により与えられるのに対し、産後の休暇は本人の請求の有無に関わらず与えなくてはなりません。

ただし、産後６週間を経過した女性が請求した場合で、医師が支障ないと認めた業務に就かせることは、差し支えありません。

■育児休業（図）

従業員（男性も含む）は申し出ることにより、子が１歳に達するまでの間で希望する期間、育児休業をすることができます。また、「保育所などへの入所を希望し、申し込みをしたが入所できない」「配偶者が養育する予定だったが、病気などにより子を養育することができなくなった」などの場合、子が１歳６カ月または２歳に達するまでの間、育児休業をすることができます。

休業を取得できる対象従業員

■産前・産後休業

雇用形態に関わらず、全ての女性従業員が取得できます。

■育児休業

原則として１歳に満たない子を養育する従業員（日々雇用を除く）が取得できます。

図　妊娠期間中と育児期間中の休業

産前…出産予定日を含む42日間
産後…出産日の翌日から56日間

育児休業…子が１歳になる誕生日の前日まで（保育所に入所できないなどの理由で１歳６カ月または２歳まで延長も可能）

ただし労使協定により、次の要件に該当する場合は、育児休業の対象外にすることができます。

①入社１年未満の従業員

②申し出の日から１年以内に雇用期間が終了する従業員（１歳６カ月までの育児休業の場合は、６カ月以内に雇用期間が終了する従業員）

③１週間の所定労働日数が２日以下の従業員

配偶者が専業主婦（夫）や育児休業中である場合などの従業員は、労使協定を締結しても対象外にできません。

また、有期契約従業員は、育児休業を申し出る時点で、次の要件を満たす必要があります。

①同一の事業主に引き続き１年以上雇用されていること

②子が１歳６カ月に達する日までに、労働契約（更新される場合には、更新後の契約）の期間が満了することが明らかでないこと

③子が２歳に達する日までに労働契約（更新される場合には、更新後の契約）の期間が満了することが明らかでないこと（育児休業を２歳まで延長する場合）

休業中の経済的支援

■出産育児一時金

健康保険の被保険者（本人）および被扶養者（家族）が出産したとき、１児につき42万円が支給されます（原則、健康保険から医療機関へ直接支払われます）。

■産前・産後休業期間中の社会保険料免除

年金事務所に申し出ることにより、産前・産後休業をしている間の社会保険料（厚生年金・健康保険料）が被保険者本人負担分および事業主負担分ともに免除されます。

■出産手当金

出産日以前42日から出産日後56日までの間、欠勤１日について健康保険から賃金の３分の２相当額が支給されます。

■育児休業期間中の社会保険料免除

育児休業期間中についても産前・産後休業期間と同様、社会保険料（厚生年金・健康保険料）が免除されます。

■育児休業給付

雇用保険に加入している人が育児休業をした場合に、原則として休業開始時の賃金の67％（６カ月経過後は50％）の給付を受けることができます。

休業中の賃金

産前・産後休業中、育児休業中の賃金を無給とするか有給とするかは使用者が決定できます。トラブル防止のためにも就業規則などで定めておきましょう。なお有給とする場合は「出産手当金」「育児休業給付」の支給額が調整（減額）されることがあります。

産前・産後休業、育児休業の他にも、幼い子どもを育てながら働くための制度として、「短時間勤務制度」「時間外労働、深夜業の制限」「所定外労働の制限」「子の看護休暇」などがあります。

育児休業制度の充実や労働時間の短縮の推進をはじめ、従業員が子育てをしながら安心して働くことができる雇用環境を整備することで、優秀な人材が確保でき、従業員が辞めることなく、長く活躍してもらうことが可能になります。　**（木村）**

技能実習生の労務管理、労働保険・社会保険の加入で注意すべき点は？

A 外国人技能実習生にも基本的に日本人従業員と同等の基準で、同様の法令に従って対応する必要があります。

解説

日本人同様に労働条件を明示

労働条件について書面で明示すべき事項やその他明示すべきことについては、日本人と同様です。ただ注意すべき点として、母国語など技能実習生が理解できる方法で行う必要があることや、期間の定めのある有期雇用契約を締結し、その契約の更新する場合には、改めて労働条件を明示しなければならないことが挙げられます。

なお、技能実習生を受け入れる場合には、技能実習生ごとに「技能実習計画」を作成し、外国人技能実習機構から認定を受ける必要があり、雇用契約書および労働条件を明示した書面はその際の提出書類に含まれます。また、受け入れ企業を会員とする商工会議所、事業協同組合などの受け入れ団体（監理団体）の責任と管理の下で技能実習生を受け入れる場合（団体管理型）には、およそ２カ月以上の講習を行う必要があります。ただし、講習は雇用契約に基づいていないため、講習期間中に業務を行わせることは一切できません。

待遇に関するポイント

報酬額は、日本人が従事する場合の報酬額と同等以上でなければなりません。受け入れ事業所または監理団体は、技能実習生のために適切な宿泊施設を確保している必要があります（寝室は１人当たり4.5㎡）。監理団体から徴収される監理費を、直接または間接的に実習生に負担させてはいけません。

食費、居住費など技能実習生が定期的に負担する費用について、食事・宿泊施設などを十分に技能実習生に理解させた上で合意し、その費用が実費であるなど適正である必要があります。

団体管理型の場合、帰国旅費や一定の場合の日本への渡航旅費に関しては、監理団体が負担します。

受け入れ事業所の禁止事項

以下の行為は禁止されています。

・旅券（パスポート）などを保管する行為
・私生活の自由を不当に制限する行為
・法違反事実を主務大臣に申告したことを理由とする技能実習生に対する不利益

な取り扱い

賃金の支払いも日本人と同じく

賃金は日本人と同様、①通貨で②直接③その全額を④毎月１回以上⑤一定の期日に—支払う必要があります。また、残業や休日労働に対する割増賃金を支給する必要があります。その際、賃金台帳の作成も必要となります。

昨今、内職と称して技能実習生に残業をさせ、安い賃金で労働させている事例が問題になっています。そもそも技能実習生は内職やアルバイトはできません。その名目に関わらず、使用者である農場の指揮命令に従って行う作業は労働時間として取り扱い、法定通りの賃金（最低賃金以上）を支払い、その作業が残業や休日労働に当たる場合には、法定通りの割増賃金を支払わなければなりません。

なお、賃金の不払いなど労働基準法違反があった場合で、不正行為を行ったと認定された監理団体や受け入れ事業所は、技能実習法に基づく技能実習計画の認定の取り消しや改善命令の対象となる可能性があり、受け入れの一定期間停止や事業者名の公表などの処分を受けることになります。

適用除外項目は「適用」に

農業、畜産・水産業の事業場は、労働時間、休憩および休日に関する規定の適用が除外されています。しかし、農林水産省は通達において技能実習生には「労働基準法の適用がない労働時間関係の労働条件について、基本的に労働基準法の規定に準拠するもの」としているため、これらの規定を適用しているのが実態です。

そこで問題になってくるのが、技能実習生以外の従業員との処遇差です。同じ時間、同じ日に労働したにもかかわらず、技能実習生には割増賃金が支払われ、それ以外の従業員には支払われないといった事態が発生することになります。これでは技能実習生以外の従業員の理解は得られません。これからは農場の全従業員に対し一律に規定を適用し、同様の処遇にすることなどを検討する必要が出てくるでしょう。確かに農場にとってはコストが増加しますが、従業員満足度も考慮し、生産性や商品価値の向上、売り上げアップなど他の面でカバーするような発想で対処すべきと考えます。

また、事業主には労働時間を適正に把握することが義務付けられています。具体的には、労働者の出勤日ごとの始業・終業時刻を原則として①使用者自らの現認②タイムカードなどの客観的な記録—により、確認・記録する必要があります。もしも時間外労働や休日労働が長時間に上り、労働時間が技能実習計画を大幅に上回っている場合には、入管法に基づく不正行為認定の対象となってしまいます。

なお、深夜時間（原則午後10時～午前５時）に労働させた場合の割増賃金の支払いや年次有給休暇に関しては、通常通り労働基準法の規定が適用されます。

また2019年４月から、事業主には労働時間を適正に把握する責務に加え、「労働時間の状況の把握」が法律上義務付けられました。労働時間の状況の把握とは「労働者がいかなる時間帯にどの程度の時間、労務を提供し得る状態にあったかを把握すること」とされているため、労働時間とは若干異なる概念になります。これが事業主に義務付けられた趣旨は、長時間労働者に対する医師の面接指導を確実に実施するため、とされています。農業では、季節や天候に

表　健康保険の強制適用事業所の範囲

		一般的な業種	農林水産業・旅館業・クリーニング業など特定の業種
法人		強制適用事業所	強制適用事業所
個人	５人以上	強制適用事業所	非該当
個人	５人未満	非該当	非該当

よって働き方に変更を生じることや拘束時間や休憩時間が長くなることもあるため、他の業種と比較しても労働時間の状況を把握することは、大変重要になってくるものと思われます。

労働保険・社会保険への加入

労働保険・社会保険への加入も、日本人と同様に適用されます。なお、労災保険の適用に関しては入管法により、暫定任意適用事業（常時５人未満の労働者を使用する個人経営の農林、水産業、養殖、畜産等の一部の事業）に該当する場合であっても、技能実習生を受け入れる場合には、労災保険に加入するか、これに類する措置を講じる必要があるとされています。

一方、雇用保険に関しては労災保険とは異なり、原則通り暫定任意適用事業となるため、常時５人未満の労働者を雇用する個人経営の事業所に雇用保険への加入義務はありません。

社会保険に関しては、適用事業所（農林水産業では、法人で１人でも従業員を使用する場合が該当）の場合には強制加入となり、適用事業所でない場合（個人の場合は非該当）には国民健康保険への加入が強制され、国民年金の被保険者となります（**表**）。また在留期間が定まっている短期在留外国人向けに年金の脱退一時金といった制度があるので、内容を把握しておきましょう。

その他の労務管理上で注意すべき点としては、技能実習本来の目的に照らした上での解雇の判断と適正手続き、寄宿舎に居住させる場合の労働基準法の順守などが挙げられます。

農業や畜産業は、重機などを扱う機会が多く、労災による死亡事故率が建設業のおよそ３倍にも及ぶため、雇い入れ時などの安全衛生教育、危険有害業務に従事させる際の特別教育、免許の取得や技能講習の修了、健康診断の実施などについて、技能実習生がその内容を適切に理解できる方法で行うことが非常に重要です。　**（鵜川）**

Q42

技能実習生が業務中にけがをして帰国することに。労災保険による補償は？

A 日本国内に限られる一部制度を除き、一定の要件の下で補償を継続して受けることが可能です。

解説

日本人同様に受給が可能

技能実習生を迎え入れるに当たっては、労災保険の成立届などが行われているか、またはこれに類する措置を講じることが入管法で義務付けられ、事実上、「暫定任意適用事業」（常時５人未満の労働者を使用する個人経営の農林、水産業、養殖、畜産などの一部の事業）に該当する場合であっても、労災保険への加入が義務付けられています（Q41参照）。そのため万が一、技能実習生が業務中や通勤途中に負傷したり、病気にかかったり、最悪のケースで死亡した場合には、日本人と同様に治療費などの各種給付を受けることができます。

■主な給付内容（補償と付くのは、業務上の災害時の給付を表す）

- **療養（補償）給付**＝業務または通勤が原因となった傷病の療養を受けるときの給付
- **休業（補償）給付**＝業務または通勤が原因となった傷病の療養のため労働することができず、賃金を受けられないときの給付
- **傷病（補償）年金**＝業務または通勤が原因となった傷病の療養開始後、１年６カ月経っても傷病が治癒（ちゆ）（症状固定）しないで障害の程度が傷病等級に該当するときの給付
- **障害（補償）給付**＝業務または通勤が原因となった傷病が治癒（症状固定）して障害等級に該当する身体障害が残ったときの給付
- **遺族（補償）給付**＝労働者が死亡したときの給付
- **葬祭料・葬祭給付**＝労働者が死亡し、葬祭を行ったときの給付
- **介護（補償）給付**＝障害（補償）年金または傷病（補償）年金の一定の障害により、現に介護を受けているときの給付

■その他の支援制度

- **アフターケア**＝仕事または通勤によってけがや病気をされた人に対し、そのけがや病気が治った後も、再発や後遺障害に伴う新たな病気の発症を防ぐため、対象となる傷病（20傷病）について、１カ月に１度程度の診察、保健指導などを一定の範囲内で受けることができます。ま

た、それに要した通院費の支給を受けることができます

・**義肢など補装具の費用の支給**＝障害（補償）給付の支給を受けているか、または受けると見込まれ、一定の要件を満たす場合に、義肢など補装具の購入（修理）に要した費用が基準額の範囲内で支給されます。また、一定の要件を満たす場合は、購入（修理）に要した旅費の支給を受けることができます

・**外科後手術**＝障害（補償）給付の支給を受けた場合、労災病院または指定された病院において、義肢装着のための再手術、瘢痕（はんこん）の軽減など、傷病の治癒（症状固定）後に行う処置・診療を自己負担なしで受けることができます。一定の要件を満たす場合は、それに要した旅費の支給を受けることもできます

・**労災就学等援護費**＝遺族（補償）年金などの受給者や遺児が学校などに通っていて一定の要件を満たす場合に、支給を受けることができます（労災就学援護費、または労災就労保育援護費）。

■帰国後、海外から請求する場合

保険給付額は、支給決定日における外国為替換算率（売りレート）で換算した日本円での額になります。海外で治療を受けた場合でも、診療の内容が妥当なものと認められた場合は支給の対象となり、治療に要した費用が支給されます。ただし、前記の「その他の支援制度」に記載のある制度は、全て受けることができません。

請求には可能な範囲で協力を

以上の通り、技能実習生が帰国した場合でも本来的な給付は継続して受けることが可能となっています。労災保険の請求に当たって、事業主は「請求手続きの代行や、その他必要な援助を行うように努めること」とされているため、可能な範囲で協力するようにしましょう。

なお、実際に請求を行う場合、実習生の母国には労災指定病院がないため、海外で治療を受けた際にはいったん全額を自己負担する必要があります。そのため領収書に加え、診療内容が分かる明細書（日本でいうところのレセプト）の和訳を添えて提出する必要があります。

また、事業主の証明が得られない場合や退職後であっても、労災の請求を行うことができます。 **（鵜川）**

Q43 技能実習生が他の従業員とうまくコミュニケーションを取れていないようなのですが…

A 「メンター制度」の導入などで技能実習生の不安を徐々に取り除きながら、気軽に相談できる体制を整えましょう。同時並行的に日本の習慣を理解してもらう努力や技能実習生の母国の習慣を理解する努力を重ね、労使が意見を出し合う話し合いの場を定期的に設けることによって、コミュニケーションの質を上げていく必要があります。

解説

「メンター」と「メンティ」

メンター制度とは、職場における人材育成法・人間関係の構築方法の一つで、上司とは別に知識や経験豊富な先輩社員（メンター）が指導相談役となり、原則として1対1の関係で、新入社員（メンティ）のキャリア形成上の課題や悩みについてサポートする制度のことです。

メンターは技能実習生が相談しやすいよう、同僚の中でもなるべく仕事上で接点が少ない年上の従業員にお願いするのがいいでしょう。二人が定期的に面談を行う中で、メンティ自身が課題を解決し、悩みを解消するための意思決定を行うようにします。

この制度を技能実習生へ応用することで、技能実習生の日本での個人的な悩みや疑問を知ることができます。また、面談を重ねる中で日本語によるコミュニケーション能力も向上します。また、技能実習生の不安や不満に気付ける一方、技能実習生としても精神的な支柱を得ることで仕事場になじむ速度が早まることが期待されます。また、当初はメンティであった技能実習生が翌年にはメンターとなって支援する側に回れば、人のつながりを途切れさせることなく形成していくことも可能になります。

互いの文化・習慣を理解する

コミュニケーションがうまく行かない一番の原因は、習慣の違いとその理解不足にあります。「郷に入っては郷に従え」とは言いますが、その国の文化や習慣を理解しないことには従うことすらできません。

受け入れる側としても、日本の文化や習慣を押し付けるだけではなく、技能実習生の母国の文化や習慣を理解する努力と、文化や習慣が異なり言葉もうまく伝わらない異国の地に来た技能実習生が、大きな不安やストレスを抱えているだろうと思いやることが必要になってきます。

相互理解の努力がない中で、日本人の常識のみに基づいて業務命令や注意・指導を行ったのであれば、コミュニケーションがうまくいかないのは当然です。違いを受け入れ、認めた上で、時間をかけて根気強く日本の習慣を身に着けてもらう必要があります。そのように意識を変えるだけで、今まで気にもかけていなかった技能実習生の母国に関係した物や出来事に対して、自然に反応するようになります。後はアンテナに引っ掛かった話題を投げ掛けることで、コミュニケーションが円滑になります。母国への関心を示されたことにより技能実習生の心の中に、「受け入れられている」といった感情が芽生え始めるのです。事業所内のみならず地域住民との交流会を開催したり、イスラム教徒の実習生向けに礼拝の場所を設け、断食月（ラマダン）には日の出から日没まで飲食を断つことを仕事に支障のない範囲で認めている例なども見受けられます。

日本が外国人労働者にとって魅力的な国であるというのは、もはや幻想にすぎません。国際的にも以前から人権上の問題が指摘されていることに加え、送り出し国の賃金水準の上昇や、他国の方が日本より労働条件がはるかに良いケースが数多く見受けられます。日本は決して世界の労働者から選ばれる存在とは言えないのが実情です。国際的な人材獲得競争が激しさを増す中、働く場所として選ばれるための試行錯誤を継続していく必要があります。

技能実習生の支えになるのは、制度ではなく人々の善意です。日本の常識は世界の非常識、それぐらいの大きな器と寛大な心で技能実習生を含めた外国人労働者を迎え入れる心構えが必要です。そうすることで、日本人が人間として成長できるだけでなく、技能実習生からは帰国後も日本に、そして日本人に良い印象を持ち続けてもらうことができます。そういった外国人が増えていくことは、長い目で見れば何ものにも代え難い、日本の最強の安全保障となるはずです。何も難しいことをする必要はありません。インターネットなどで、技能実習生の母国を調べてみることから始めてみましょう。

メンタルヘルスの不調を防ぐ

コミュニケーションがうまく取れない状態が長く続くことは、強いストレスになります。言語や習慣の異なる異国の地では、なおさらです。心身に不調を来し、うつ病などの精神疾患を発症したり、最悪のケースでは自殺に至ることもあります。場合によっては労災と認定されることにもなります。労災にとどまらず、労働者の安全に配慮する義務がある事業主としては、損害賠償請求を受けて多額の賠償金を支払うことにもなりかねません。

こういった観点からも、事業主は技能実習生のみならず従業員とのコミュニケーションを密にして、最悪のケースに至る前段階で問題点を把握し、対処していかなければならないのです。医療通訳が常駐する病院が少ない日本においては、言葉の壁を少しでも埋めるようサポートすることも非常に重要になってきます。 **（鵜川）**

Q44

新しくできた在留資格（特定技能）と外国人技能実習制度の違いは？

A 制度上の相違点はさまざまありますが、主な違いには「要求される技能の水準」「採用方法や試験の有無」「転職・転居の可否」などが挙げられます。

解説 日本で働く外国人は2018年10月末時点で過去最多の146万人となり、この５年間で倍増しています。このうち、技能実習生は約30万人です。2019年４月からいわゆる入管法が改正されました。新しく追加された在留資格（特定技能）は14業種が対象で、今後５年間に最大34万人の受け入れが見込まれています。このうち農業は耕種農業全般（栽培管理、農作物の集出荷、選別）と畜産農業全般（飼養管理、畜産物の集出荷、選別）を合わせ、最大３万6,000人を受け入れる予定です。

特定技能は１号と２号に分類され、必要とされる技術水準は、特定技能１号の場合、「技術・人文知識・国際業務」といった専門的・技術的分野で要求される技術水準と技能実習で要求される技術のちょうど中間の位置付けとなります。

特定技能２号は１号と比較して、より熟練した技能が求められます。現状の受け入れ対象分野は建設と造船・舶用（はくよう）工業の２分野に限定されています。また特定技能２号は１号とは異なり、在留期間の上限は設けられておらず、家族帯同も認められています。

特定技能は「就労」が目的

特定技能と技能実習の相違点は前記技術水準の他、その目的が挙げられます。特定技能は「就労」を目的としているため、従来は単純労働として在留資格が認められていなかった業務にも従事することが可能です。それに対して技能実習の目的は国際協力の推進にあり、労働力の需給調整の手段にしてはならないとされています。

また、受け入れる際の仕組みも異なります。技能実習の場合、技能実習候補生は母国にある送り出し機関と契約を締結します。そして受け入れる側の日本の事業所が監理団体を通じて技能実習生を採用します。一方、特定技能では、特定技能外国人と受け入れ側の日本の事業所が二者間で直接契約を結ぶことになり、送り出し機関や監理団体の関与は不要です。そのため事業所は直接募集を行ったり、国内外の職業紹介機関などによるあっせんを通じて採用を行うことになります。

しかし特定技能では、通常の雇用契約とは異なる「特定技能雇用契約」を締結する必要があります。報酬は日本人が従事する場合と比較して同等以上であるなど、法務省令で定める基準に適合する内容でなければなりません。雇用形態は原則、受け入れ先の直接雇用となりますが、季節の他、扱う作物や魚の種類によって仕事量が変わる農業と漁業については、派遣も認められています。

職業・日常・社会生活上の支援

受け入れる側の日本の事業所は、１号特定技能外国人が安定的かつ円滑に働くことができるように、以下のような職業生活上、日常生活上または社会生活上の支援を行う必要があります。

①ガイダンスの提供
②出入国する際の送迎
③適切な住居の確保に係る支援・生活に必要な契約に係る支援
④生活オリエンテーションの実施
⑤日本語学習の機会の提供
⑥相談または苦情への対応
⑦日本人との交流促進に係る支援
⑧外国人の責めに帰すべき事由によらないで特定技能雇用契約を解除される場合の転職支援
⑨定期的な面談の実施、行政機関への通報

技能実習からの移行

特定技能の在留資格を取得するには、人手不足が深刻な対象14業種ごとに実施される技能評価試験と共通の日本語評価試験（農業の国内での試験実施は19年秋以降を予定）に合格する必要があります。しかし、技能実習の経験がおよそ３年以上に達した技能実習２号・３号の修了者は、無試験で特定技能１号の在留資格を取得できる例外が設けられています。そのため政府は19年度の受け入れのうち６割近くは技能実習生からの移行と見込んでいます。なお、19年４月26日に出入国管理庁は、農業に従事する技能実習生でカンボジア国籍の20代女性２人に対し、「特定技能１号」への変更を許可しました。２人は初めての特定技能の資格取得者となります。

業種が同じなら転職は自由

特定技能では、技能実習では認められていない転職が認められています。特定技能外国人は、業種が大枠で同じ範囲内であれば、自由に転職できるのです。そのため、日本国内の他地域や他事業所と比較して、より給与面や福利厚生面などで待遇が良い地域や事業所があれば、転職されることも考えられます。それを法的に止める手立てはないため、外国人労働者の労働力を必要としている事業所にとっては、大変な痛手となります。そのため特定技能外国人ではなく、あえて技能実習生の採用を選択する事業所も出てくると予想されます。

労働基準法の適用

特定技能の在留資格で働く従業員は、技能実習生とは異なり、農業においては、労働時間、休憩および休日に関する規定の適用が除外されます。そのため同じ外国人であっても、その在留資格の目的の違いから取り扱いが異なることになります。

特に技能実習から特定技能に移行した従業員は、「以前は割増賃金が支給されていたのに、移行した現在は支給されない」などの違いに困惑することも予想されるので、対応を考えておく必要があります。Q41で解説した通り、技能実習生とそれ以外の従業員を同様の処遇にするなどの検討が必要になってくるでしょう。　**（鵜川）**

Q45

農福連携って何ですか？

A　農福連携とは、「農業と福祉をつなげ、障害者やさまざまな理由で生活が困窮している人、福祉が必要な人、高齢者などが農業分野で働くことで生き生きと社会の中で暮らせると同時に、農業従事者の減少や耕作放棄地の拡大など日本の農業が抱えている課題を解消しよう」という取り組みです。

厚生労働省と農林水産省が中心となって取り組みを進めており、各種の補助事業も整備されています。

解説　これまでも農業と福祉が連携し、障害を持っている人が農業分野で従事してきた歴史があります。農業、林業、漁業を科目とする福祉施設が全国に600以上あり、生産活動や職業訓練などを実施しています。このように農業と福祉をつなごうという考えや取り組みは以前からありましたが、「農福連携」という言葉や概念は徐々に社会に浸透し、ここ数年で一気に耳にする機会が多くなりました。

農福連携を進めるため、兵庫県のように農業技術や農産物の加工、販売についての専門知識や技術を持つ専門家を「農福連携支援アドバイザー」として障害者福祉サービス事業所へ無料で派遣する自治体も生まれました。2019年４月には、農林水産省と厚生労働省が協力して農業と福祉の連携を進めていくために「農福連携等推進会議」を設置し、政府も本腰を入れ始めたところです。農福連携に関する補助・助成事業は**表**の通りです。

表　農福連携に関する補助・助成事業

農林水産省	2014年から農福連携を推進する事業主体のために、「農山漁村振興交付金」という補助事業を行っている
厚生労働省	都道府県が事業所を支援するための「農福連携による障害者の就農促進プロジェクト」による補助金がある
農の雇用事業	農業法人などが障害者を含む就農希望者を雇用した後の、農業技術などを習得させるための実践的な研修（職場でのOJT＝オンザジョブトレーニング研修）を行う場合に対して、１人当たり年間120万円（最長２年間）の支援が受けられる（2019年度）

※その他、障害者の雇用にはハローワークや独立法人高齢・障害・求職者雇用支援機構の助成金があり、高齢者雇用にも、助成金が用意されている
※いずれの事業も活用するには条件がある

どんな人が対象？

農福連携の対象者は、次のような人です。

・障害を持っている人
・高齢の人
・生活が困窮している人（引きこもりや

ニート、ホームレスも含む）
・さまざまな理由でなかなか職に就けない人（高齢者、元受刑者など）

このような人たちは「働きたい、稼ぎたい、何か社会の役に立ちたい」と願っていても、なかなか思い通りに就職活動が進まず、希望の職に就けないものです。少し古い資料ですが、厚生労働省が06年に発表したデータによると、障害がある人が仕事に就いている率は、ほぼ全ての年齢層で一般よりも低く、多くの障害者が自立のために職を必要としていることが分かります。

また、高齢化が進む日本では、年金の受給開始は65歳から（前倒しでの受給も可能）ですが、「元気な間は働きたい」「少しでも働いて老後の資金にしたい」と思っている人が多く、16年の総務省の調査によれば、65歳以上のうち就業している人の割合は22.3％と、主要国の中でも高い方です。

一方、農業現場は高齢化が進み、人手不足に悩んでいます。農林水産省が16年３月に発表した「農福連携の推進～現状と課題※」によると、農業者の平均年齢は66.3歳で、農業に就いている人は1995年の414万人から2015年は209万人と、わずか20年で半減しています。

そこでこの２つを連携させて、就職率アップと新しい働き手の確保を目指そうという機運が全国で高まってきました。

全国各地での取り組み事例

岩手県花巻市では、空いている農地を生かして高齢者などのボランティアが主体となって活動する農園をつくり、収穫した農産物を近くの介護事業所へ提供したり、農産物を加工した食品を高齢者の配食サービスなどに利用しています。

また、新潟市は農福連携に積極的な自治体の一つで、15年に「市あぐりサポートセンター」を立ち上げ、農家や農業法人と障害者福祉施設をつなぐ取り組みを始めました。その他、埼玉県鴻巣市のいちご狩りができる観光福祉農園、福井県のNPO法人が経営するぶどう・梨園、熊本県の農福連携レストランなど、農福連携の取り組みは全国で展開されています。

win-winになれる未来へ

雇う側（農場）と雇われる側（福祉）が互いの足りない部分を補い合い、その地域のみんながwin-win（ウィンウィン）になれる—。農業での就労を通じて、障害者、高齢者、就職困難者など誰もが自信や生きがいを持って生き生きと働き、社会で役割を持ち、地域に貢献する—。農福連携はそんな未来を目指す取り組みです。　**（日野）**

※http://www.maff.go.jp/j/nousin/kouryu/pdf/siryou1.pdf

【参考資料】
「農」と福祉の連携パンフレット「福祉分野に農作業を～支援制度などのご案内～」（http://www.maff.go.jp/j/nousin/kouryu/attach/pdf/kourei-4.pdf）

Q46 障害者を雇用しようと思っています。気を付ける点は？

A 待遇（賃金など）、職場のルールづくり、仲間の理解、職場環境の整備、障害者差別の禁止や障害者への「合理的配慮」、雇用後のフォローなど受け入れ態勢の整備およびハローワークとの連携などに気を付けましょう。

解説 雇用する障害者の作業能力や体力を見て、労働時間と日数、賃金などの待遇をしっかり考える必要があります。具体的には次のような点です。

・１日何時間働けるか
・週、または月に何日勤務できるか
・定期的な通院などが必要な場合、通院との兼ね合い
・作業の具体的な内容、範囲
・通勤方法（交通手段はあるか、一人で利用できるかなど）
・賃金（最低賃金を下回っていないか）

条件は、後から本人との話し合いで変えることができます。最初は１日２時間からスタートして徐々に労働時間を増やす、負担が多ければ減らすなど、支援者も交えて、能力や体力などに応じて無理なく働ける条件を詰めていきます。後で保護者などとの間でトラブルになるのを避けるため、雇用する時に欠勤などをした際の指導、ペナルティーについて保護者や後見人などにも説明し、了解してもらいます。

2018年４月から従業員が45.5人以上の事業所には障害者の雇用が法律で義務付けられています。この規模の農業法人などであれば法定基準を満たすため、雇用予定の障害者には必ず障害者手帳や精神障害者保険福祉手帳を提示してもらい、障害の重さなどを確認しておきましょう。

職場のルールをはっきりさせる

就業規則がきちんと整備され、あらゆる場面でのルールがはっきりしている職場は堅苦しく思える半面、働く側には働きやすいものです。

作業や職場の中で守らなければならないルールや、してはいけないことを雇用する障害者にはっきりと伝えます。特に安全に関することは、事故に直結します。一度ではなかなか理解してもらえない場合も、毎日のミーティングや簡単な言葉で書かれた貼り紙をするなどして、粘り強く指導することが大切です。

障害について同僚の理解を促す

一緒に働く同僚や上司がいる場合、職場の仲間となる人がどんな障害を持っていて、何ができて何が苦手か、一緒に働く上

で気を付けなければならない点などを理解してもらいます。

例えば、「他人とのコミュニケーションが苦手などのハンデはあるが、与えられた仕事はきちんとやるので温かく見守ってほしい」などと説明をしておけば、障害者も分からないことを近くの人にすぐに尋ねることができ、安心して働けます。

ただし、障害の診断名などは他の人に知られたくないと思っている人もいるかもしれないので、本人の同意を得る必要があります。

職場の環境整備

車椅子利用者を雇う場合は、入り口の段差解消や車椅子でも使えるトイレを整備するなどバリアフリー化が必要になります。このように、雇用する人の障害の特性に合わせた職場環境の整備が必要になります(障害者が作業する施設のリフォームには厚生労働省などの助成を受けられる可能性があります。19年現在)。

「環境」には設備面だけでなく、人間関係なども含まれます。いくらハード面を整備しても、一緒に働く人たちに障害に対する偏見や差別があり、働きづらさや居心地の悪さのある職場だったら、設備の整備も意味がありません。障害者雇用を成功させるためには、周りの理解と協力が欠かせません。まず、雇い主が障害者に関する知識を深め、職場で障害に関する講習会を開いたり、積極的に声掛けをして、障害者を孤立させない配慮が必要です。

差別の禁止、合理的配慮が明文化

16年4月から障害者差別の禁止や障害者への「合理的配慮」が明文化されており、法に触れないよう注意が必要です。合理的配慮とは①募集および採用時においては、障害者と障害者でない人との均等な機会を確保するための措置②採用後においては、障害者と障害者でない人の均等な待遇の確保または障害者の能力の有効な発揮の支障になっている事情を改善するための措置のことをいいます。

例えば、障害があることを理由に障害者だけ不当に安い賃金を支払うことの禁止、職場に相談窓口を設けるなど、障害者が相談しやすい体制をつくることが義務付けられました。この合理的配慮は、障害者を雇用する上で知っておきたい事項です。

雇用後のフォロー

従業員を採用したらそれで終わりということではなく、定着のためのフォローアップが大切です。心身にハンディキャップのある障害者にはなおさらです。作業内容や量、通勤や休憩時間、人間関係など職場生活について、障害者本人と話したり、上司や同僚に話を聞くなどして、良くない点があれば改善する努力が必要になります。

障害者が所属していた、または所属している就労支援機関や福祉施設の担当者との連携を密に取り、問題が起きた時はすぐに連絡を取って、体や心のケアについてアドバイスや支援を受けられるようにしておくのも重要なポイントの一つです。

ハローワークとの連携

ハローワークには必ず障害者の就職支援の担当職員がいて、福祉施設などの職員と連絡を取り合い、障害者の就労を後押ししています。分からないことがあれば積極的にサポートを頼むのもいいでしょう。

障害者を雇用する人向けの支援制度や助成金も幾つかあり、ハローワークで詳しいことを教えてもらえます。一般的にこうした助成金は申請しないともらえず、申請のための書類も膨大で難しいことが多く、助成金が受給できるまで時間がかかる場合もあるため、根気よく取り組む必要があります。 **(日野)**

■参考になる資料

・**「はじめからわかる障害者雇用 事業主のためのQ&A集」**(http://www.jeed.or.jp/disability/data/handbook/deigitalbook/book.pdf)。独立行政法人高齢・障害・求職者雇用支援機構が作成。カラーで見やすく、Q&A方式でとても分かりやすい。

・**「コミック版 障害者雇用マニュアル」**(https://www.jeed.or.jp/disability/data/handbook/manual/emp_ls_comic.html)。高齢・障害・求職者雇用支援機構が作成・配布。漫画なのでとても読みやすい。

いずれもインターネットで無料で読めます。

Q47 障害者に担当してもらう仕事を考える際のポイントを教えてください。

A 基本的には、健常者の仕事の割り振りと同じです。障害者本人の個々の能力やスキル、適性を見極めて、適材適所となるよう考えることが大切です。一つの作業工程を分割し、できることからやってもらう、早く確実にこなせるよう作業をできるだけ単純化・パターン化するなどの工夫も必要になります。

解説 障害者にどのような仕事を受け持ってもらうか考える際のポイントは、障害の特性によって異なります。健常者でもインドア派でこつこつと作業をするのが好きな人もいれば、屋外で伸び伸びと体を動かす仕事が好きな人もいます。障害者の場合も本人の特性を見極め、向いている仕事を振り分けるのがいいでしょう。

例えば、与えられた仕事をゆっくりでも丁寧に確実にこなせる人は、農産物をコンテナに集めたり、パック詰めや出荷用の段ボール詰め、段ボールの組み立てなどこつこつできる作業に向いています。

また身体障害には、心臓や腎臓などに疾患を抱える内部障害も含まれます。内部障害者や聴覚障害者には、パソコンを使う事務作業や体の負担にならない軽作業、少し複雑な工程の手作業などがよいでしょう。

障害者ができる仕事は多岐にわたる

インターネットで公開されている農林水産省の「農業分野における障害者就業マニュアル」(http://www.maff.go.jp/j/nousin/kouryu/kourei/pdf/2008.pdf) には、経営者と障害者の２人で仕事を分担して酪農を営む農家の事例など、障害者雇用の具体的な事例が多く記載されており、参考になります。

マニュアルに紹介されている仕事は次の通りです。

- 草刈り、除草作業
- 畜舎の清掃
- 家畜飼料の運搬、家畜への餌やり
- 花の肥培管理
- 苗の移植
- 野菜の受粉作業、収穫、出荷準備
- シイタケ栽培のブロック管理、収穫、出荷準備
- 作業場の後片付け、作業に使う用具や資材の洗浄
- 小型機械やフォークリフトでの作業

他にも加工品のラベル貼り、袋やパックのシール貼り、野菜の選別と整理、出荷用の段ボール箱折りなど多岐にわたる仕事があり、既に障害者に従事してもらい効果を上げている例もあります。

工夫を凝らし特性を生かした仕事を

まずは、障害者の能力と特性を生かした作業から始めましょう。簡単な作業に慣れてきたら、少しずつ作業のレベルを上げていく、作業速度が上がってきたら褒めてさらに早くできるように励ますなどすれば、仕事にやりがいを持つことができます。モチベーションの上げ方は健常者と同じです。また、職場のリーダーや事業主との意思疎通から始めて、できることは少しずつ任せていくのもよいでしょう。

健常者には、1回にまとめてやる作業工程を細かく分割して、できるものだけを担当してもらうといいでしょう。作業を可能な限り単純化・パターン化すれば、仕事の指示がしやすくなり、障害者も理解しやすくなります。一つのことができるようになったら、他の作業を教えて、できることを少しずつ増やしていくなどステップアップもできます。作業を分割することで、知的障害を持つ人と身体障害を持つ人が一つの工程で働くことも可能です。また、タブレット端末を使った入力作業なども検討してみてはいかがでしょうか。

事務作業や箱詰め作業など座ってできる仕事であれば、車椅子の方でもできます。そのためには車椅子で動きやすいように広い場所を整えられるか、テーブルの高さは合っているか、作業所へ入る時の段差はないかなど、作業の動線なども考える必要があります。

まずは訓練・研修から

初めて障害者を受け入れる場合、まずは健常者同様に、農作業訓練や1週間から数週間程度のインターンシップとして、ハローワークの「障害者トライアル雇用事業」(3カ月または6カ月)を利用して受け入れる方法があります。

トライアル雇用の対象は、訓練や研修をカリキュラムにしている障害者の就労支援機関(障害者就業・生活支援センター、地域障害者職業センターなど)や福祉施設に所属している障害者です。その作業が向いているか、無理なく続けて作業することができるか、労働時間は長過ぎたり短過ぎたりしないか、職場の環境が障害者に適しているか、これらのポイントをチェックしつつ適性を見ながら作業してもらうことができます。そして、この職場実習で続けられそうであれば、正規の手続きを経て採用という流れも期待できます。「農業で働きたい」と志望する障害者にも、雇う側にも、実際に雇用したときの模擬体験のようなものができ、感触をつかめるいい機会になると思います。　(日野)

■活用できる資料

障害者雇用事例リファレンスサービス (https://www.ref.jeed.or.jp)

独立行政法人高齢・障害・求職者雇用支援機構がつくっているHPで、「農・林・漁業」など事業ごとの障害者雇用事例を検索ができるのが特徴です。実際に障害者を雇用し、さまざまな苦労を味わい工夫しながら障害者を戦力として育ててきた過程が、雇用する側からの率直な言葉でつづられており、参考になります。

障害者雇用職場改善好事例集 (http://www.jeed.or.jp/disability/data/handbook/ca_ls/ca_ls.html)

障害者雇用に積極的に取り組んでいる事業所の事例を集めたもので、毎年発行されています。インターネットで無料で読むことができます。

各種農機具・用品はデーリィマンにお任せ
酪農家・畜産農家をアシストします

マルチフェンス

46257

※送料実費
※商品規格が変わることがあります。

G.L　200　180　150　140　130　120　100　90　80　1,190

網高さ	1,181mm
網長さ	25m／巻
素線径	φ2.45mm
素線規格	めっき鉄線
縦線幅	150mm
横線間隔	図を参照
引張強度	横線710N／mm^2　縦線400～540N／mm^2
結束部	ヒンジジョイント
重量	19.5kg

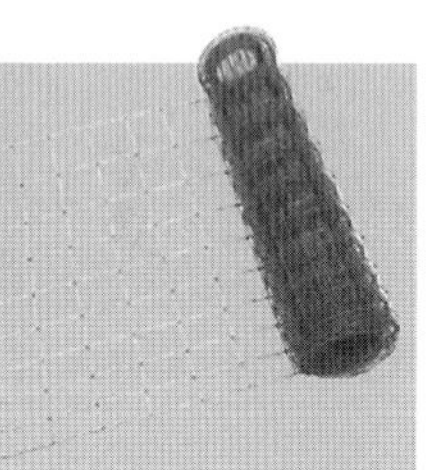

FRP製一輪車

47165

パケット寸法
上部
幅70×長さ96×深さ35cm
底部
幅40×長さ40×深さ30cm

47250 タイヤセット

47166 サラ

47167 フレーム（タイヤ付）

ファームサイン（自立埋設型）

カンタン組立キット／スチール支柱／
SPF防腐処理／基礎・設置工事／改修工事
※詳細はお問い合わせください。

FAX.011-271-5515　デーリィマン社
フリーダイヤル 0120-369-037　事業販売部
〒060-0004 札幌市中央区北4条西13丁目　E-Mail:jigyoubu@dairyman.co.jp　http://dairyman.aispr.jp/

※商品のお申し込み、お問い合わせは当社ホームページからも承ります。※当社は土曜、日曜、祝日は休業です。

ニューカントリー2019年夏季臨時増刊号

働きやすい農場づくり

令和元年７月１日発行

発 行 所　株式会社北海道協同組合通信社

札幌本社
〒060-0004
札幌市中央区北４条西13丁目１番39
TEL 011-231-5261 FAX 011-209-0534
ホームページ http://www.dairyman.co.jp/

編集部
TEL 011-231-5652
Eメール newcountry@dairyman.co.jp

営業部（広告）
TEL 011-231-5262
Eメール eigyo@dairyman.co.jp

管理部（購読申し込み）
TEL 011-209-1003
Eメール kanri@dairyman.co.jp

東京支社
〒170-0004 東京都豊島区北大塚2-15-9
ITY大塚ビル３階
TEL 03-3915-0281 FAX 03-5394-7135

営業部（広告）
TEL 03-3915-2331
Eメール eigyo-t@dairyman.co.jp

発 行 人　新井　敏孝
編 集 人　木田ひとみ

印 刷 所　山藤三陽印刷株式会社
〒063-0051 札幌市西区宮の沢１条４丁目16-１
TEL 011-661-7161

定価 1,333円＋税・送料134円
ISBN978-4-86453-064-4 C0461 ¥1333E